H OME AUTOMATION: FROM PRODUCTION TO OPERATION

智能家居产品

从设计到运营

邢袖迪＝著

人民邮电出版社

北京

图书在版编目（ＣＩＰ）数据

智能家居产品：从设计到运营 / 邢袖迪著. -- 北京：人民邮电出版社，2015.10（2019.8重印）
ISBN 978-7-115-39645-7

Ⅰ. ①智… Ⅱ. ①邢… Ⅲ. ①互联网络－应用－日用电气器具－设计②智能技术－应用－日用电气器具－设计
Ⅳ. ①TM925-39

中国版本图书馆CIP数据核字(2015)第150009号

内 容 提 要

本书根据作者多年互联网和智能家居的从业经验编写而成，提出了智能家居产品的三原色模型，并逐步阐述了一款好的智能家居产品需要满足的三个条件：优越的技术、友好的用户体验和有效的市场策略。同时，从产品设计、用户和行业参与者等多个角度分析了智能家居这一新兴行业。此外，书中引用的一些国外的产品实例和分析问题的方法与模型，都能带来很多启发。

对于智能家居相关行业的产品从业者或运营人员来说，本书可以梳理行业信息，辅助产品设计，极具参考价值。

◆ 著　　　　邢袖迪

　责任编辑　赵 轩

　责任印制　张佳莹　焦志炜

◆ 人民邮电出版社出版发行　　北京市丰台区成寿寺路 11 号
　邮编　100164　　电子邮件　315@ptpress.com.cn
　网址　http://www.ptpress.com.cn
北京虎彩文化传播有限公司印刷

◆ 开本：720×960　1/16
　印张：10
　字数：250 千字　　　　　　　2015 年 10 月第 1 版
　印数：5701 - 6100 册　　　　2019 年 8 月北京第 6 次印刷

定价：49.00 元

读者服务热线：(010)81055410　印装质量热线：(010)81055316
反盗版热线：(010)81055315
广告经营许可证：京东工商广登字 20170147 号

前言
智能家居唱的是一场什么戏?

这是立春后的第二天。早晨 7 点左右,我正在浅度睡眠中徘徊着,手机唤醒了我。卧室的灯渐渐亮起,我拿起手机,收到了一条推送消息:"今天天气不错,开窗透透气吧。" 一个大大的懒腰后,我拉开窗帘,打开窗户,屋里的灯随之自动灭掉。新的一天就这样开始了!我嗅到了飘散在空气里的一些智能气息,顿时清心爽面。大约 10 点时,我站在公司门前,习惯性地按动着开门的摩斯码——即使这是我知道的唯一一组摩斯码,它每天都能为我开启一扇交融了科技与生活的大门。片刻之后,我坐在座位上,屏幕上闪现着一份写书的邀约,我的眼前浮起了一些片段:

在我刚踏入智能家居行业时,几乎找不到一本入门级的参考资料。因为智能家居是一个新兴的行业。

在与用户交流的日常工作中,我不断更新着对用户需求的认知,一些理念性的观点也在我脑海里酝酿着。因为智能家居是一个实用的产品。

在朋友或校友的聚会上,当我用手机远程打开了家里的灯时,总会收到很多惊喜的眼神。因为智能家居是一个新奇的主意。

在一些互联网活动上,当我谈到智能家居时,时常能引出一场有深度的行业探讨。因为智能家居是一个巨大的机会。

在一些智能产品展会上,当我对一些设计理念和产品需求提出疑问时,有时我并不敢认同厂商的见解。因为智能家居是一个热闹的风口。

原来这些有趣的片段在我的脑海里已经积淀了这么久,而这一刻,我认为对智能家居行业进行梳理的时机已经成熟。我希望能借助这本书,去讲述一场正在上演的智能家居大戏。

本书围绕着智能家居的三原色模型,从技术、体验、市场三个角度逐步展开,阐述在这一新兴行业中好产品需要具备的三个要素,即优越的技术,友好的用户体验和有效的市场策略。本书同时借鉴了丰富的产品实例,支撑对于所述观点的理解,也能为相关工作带来一些启发。

正如同智能家居是面向千家万户的，本书所面向的读者群体也颇为广泛。随着各行各业对智能家居的布局，每一天行业里都会迎接一些新人，本书可为他们打开一扇门。既然行业对从业者的要求是非常综合的，本书可以提供一种参考的可能，帮助智能产品及其相关行业的产品经理、运营人员深入浅出地了解行业。对于技术爱好者，他们可以通过本书从用户体验和市场的角度，加强对行业的认知。此外，也希望本书能帮助行业监管者和投资人等群体，为他们制定决策提供参考。

现在，就让我们一起开启这场别开生面的大戏的序幕！

邢袖迪

2015 年 5 月于清华园

作者简介

邢袖迪

本科毕业于山东大学计算机学院电子商务系，研究生就读于爱丁堡大学（University of Edinburgh）和伦敦政治经济学院（LSE），分别获运筹学硕士和决策科学硕士。

现就职于幻腾智能公司，有着多年的互联网产品经理经验和智能家居用户运营经验。曾实习于法国电信巴黎研发中心（Orange Lab）和英国铁路监管办公室（Office of Rail Regulation, UK）。

目录

第 5 章
粉墨登场——智能家居产品实例

第 6 章
座无虚席——智能家居的用户分析

第 7 章
各擅胜场——智能家居的推广之道

第 8 章
呼之即出——智能家居的新常态

第1章

大幕将启
——智能家居概述

【本章引语】

海报，是电影或戏剧的一种最常见的预告形式。通过与剧情相关的图片，配上简单的文字，若隐若现地介绍着即将开启的大幕。一款好的海报，不仅能在第一时间吸引观众的眼球，激起心中的期待，更能引导观众对剧情展开想象。当大幕拉开的时候，看过海报的观众有着更强的代入感，更容易与剧情产生共鸣。

本章的题图是一张极简风格的海报，这三个交织的圆，将会讲述怎样的故事？大幕慢慢拉开，让我们来看一下智能家居唱的到底是一场什么戏。

1.1 智能家居的情景实例

智能家居是什么？通俗来讲，家里的设备都进行了升级换代，并且具备了相互连通的能力，由此构成了更加舒适的家居生活。

为了更形象地理解这个概念，先来看 6 个日常生活中的情景实例。

− 情景 1．起床

时间：早晨 6:33

地点：卧室、卫生间、厨房

智能床监测到你已经进入了最浅睡眠状态，便向其他设备发出了唤醒的指令；智能窗帘慢慢拉开，智能音箱也放出了轻柔的音乐，于是你自然又舒适地醒来，开始了一天的生活。

在卫生间里洗漱时，智能镜子上显示着昨晚欧美市场的金融行情，同时你也查看了下期待已久的大片——《人工智能 2》就要上映了。

同时厨房里的智能豆浆机自动开始制作豆浆，其豆浆含量和温度都是你最熟悉、最喜欢的。

− 情景 2．离家

时间：早晨 8:12

地点：衣帽间、玄关（进门处附近的区域）

当你走进衣帽间时，灯会自动亮起，智能试衣镜上显示出今天的天气信息并推荐了两款着装搭配。

出门前，你在智能墙面开关的显示屏上确认了一下今天的限号信息，同时双击了一下购物袋的图标，把今天的购物清单下了单；最后你一键关闭了全家的灯，带上门后，门会自动锁上，并激活了全家布防模式。

− 情景 3．远程控制

时间：中午 13:15

地点：办公室

中午休息后，O2O 超市的送货员打来了电话，早晨下单的各种水果蔬菜已经送到了家门口。你用手机为送货员开门，并通过智能音箱的对讲功能嘱咐了几句。不用担心家中的财产安全，因为安防摄像头正在监视着玄关处，所有的红外探测器也在把守着自己的区域。

你又通过摄像头看了下家中的爱猫，发现早晨给它的猫粮居然还没有吃完。

有轻微强迫症的你，突然记不清楚是否关了阳台的窗户，就通过手机上的智能家居平台确认了一下门窗的闭合状态。

– 情景 4．下班回家

时间：晚上 6:53

地点：公司停车场、车库、玄关

下班后，当发动车的时候，爱车已经规划好了一条通畅的路线；同时家中的智能空调也会自动打开，准备以最舒适的温度迎接你回家；由于你总是喜欢吃煮熟后再焖 15 分钟的米饭，智能电饭煲会根据预估的你到家时间开始煮饭。

临近车库时，车库门会自动打开。

到家时智能门也会自动解锁，打开门的一瞬间家里的灯光缓缓亮起，智能音箱里也传来悠扬的西班牙歌曲，正是你下午分享到微信朋友圈里的那首，你对音箱会心地一笑。

– 情景 5．休闲与娱乐

时间：晚上 8:02

地点：客厅、书房、休闲区

晚饭后，客厅的智能电视提醒你在追的电视剧已经更新了，于是伴着柔和的灯光你看了一会电视，并且和好友通过电视激烈地讨论了一会剧情。

这时书桌上的台灯像眨眼睛一样闪烁了一下，你突然想起来这周的法语课作业还没有写；当你在书桌前坐下时，客厅的电视自动关闭了，全家的灯都变成了暗光模式，只有台灯专注地陪你也进入了学习状态。

完成作业后，手环里的智能教练提醒你不要忘了今天的健身计划，于是你骑上了动感单车，伴着音乐挥洒着汗水；在运动的同时，智能设备也在收集、整理着你的各种身体指标，并制订着下一步的健身计划。

－ 情景 6.　睡前

时间：晚上 11:03

地点：卧室

正在看手机的你收到一条智能管家的推送消息："主人，你明天的行程挺忙的，所以记得早些休息哟。"确实，你想起了明天要谈的几个项目，决定早些休息。

伴着家中逐渐暗下来的光线，你也慢慢有了睡意，通过床头的开关，一键关闭了家中所有的灯，并开启了夜间模式：新风系统和空调都进入了低耗状态，门窗也自动布防，床更是以最舒适的温度和软度拥抱你入睡。

1.2　智能家居的基本属性

通过上一节列举的 6 个情景实例，可以对智能家居有一个初步的、感性的认识。进一步研究，能从这些实例中抽取出一些共有的特点，也就是智能家居的基本属性。从而完成了从列举实例到提取共性的过程，也定义了什么是智能家居。

a.　全天候

智能家居是全天候都在工作的，不受白天黑夜的限制。从唤醒用户到送用户出门上班，从迎接用户回家到陪伴用户入睡，智能家居一直在工作着，甚至当用户入睡后，也随时听候吩咐：如果用户夜间起床，智能夜灯会及时地亮起。

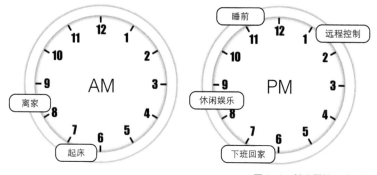

图 1-1　基本属性 - 全天候

b.　全区域

用户在家中的任何一个区域，都可以与智能家居进行交互，并享受相应的功能，甚至不在家中的时候，也可以进行远程查看和控制。其广泛的交互区域，是传统家居不能比的。

图 1-2　基本属性 - 全区域

c.　全功能

智能家居涵盖了日常生活的方方面面，可谓无微不至。如实例中提到的衣（情景 2 中衣帽间的试衣镜）、食（情景 1 中的豆浆机和情景 4 中的电饭煲）、住（情景 1 中的智能床）、行（情景 2 中查看限号信息和情景 4 中的车库门）。

d. 更强的整合能力

家中的设备不再是一个个孤零零的个体，而是可以互相连通、相互协作的智能设备，从而提供着更丰富的功能。此外还可以整合一些外部信息或开放数据，如用户的日程安排、天气情况、路况信息等。

e. 解决传统需求

智能家居并没有创造新的用户需求，而是为传统需求提供了一个更好的解决方案。例如智能床的唤醒功能，只是替代了原有的传统闹钟，采用了更舒适的方式去唤醒用户。再如智能电饭煲，可以与其他设备协作，远程开启煮饭功能，这是传统电饭煲做不到的，但解决的依然是煮饭的需求。

f. 优化生活方式

智能家居把用户从一些重复性的操作中解放出来，从而把更多的时间和精力投入到具有创造性的工作中。例如原本需要手动查询的限号信息，却可以呈现在玄关处的智能墙面开关上，从而避免了琐碎的操作；例如衣帽间试衣镜上呈现的天气信息，也可以帮用户省去很多检索信息的时间；再如每天窗帘的闭合，都可以交给智能家居去完成。此外，智能家居还可以识别一些原本不容易察觉的细节，从而及时地提供建议。例如智能床可以通过用户近期的睡眠质量，结合智能手环采集的运动量，建议用户注意作息、多加运动。

1.3 蓄势待发的智能家居

智能家居正在借着物联网浪潮之势，踏着传统家居的"互联网 +"之道，来到人们的日常生活中。随着实施成本的降低和功能的提升，这股智能化的力量更是势不可当。

a. 随着物联网来到人们身边

物联网，被誉为继互联网、移动互联网之后的第三波信息化浪潮，并且将更加深入地影响人们的生活，如图 1-3 所示。

图 1-3　三次信息化浪潮对家居生活的影响

在互联网时代，正如比尔·盖茨所梦想的"每个家里都能有一台电脑"[1]，每个家庭通过一台电脑的连网，实现了与世界的连接。虽然只是有线的网络，而且必须在家中一个固定的位置上网，但毕竟实现了互联的从无到有。

在移动互联网时代，无线网络覆盖了全家的每个区域，而且笔记本电脑、智能手机、平板电脑等便携设备的普及，能让我们更加便捷地与世界连接。这一步完成了从固定到移动的互联，但我们的目光依然离不开那几块屏幕。

在正在发生的物联网时代，传统设备的智能化创造了更多的触点，让智能家居真正来到人们身边。这一步，将完成从局部到全部的互联，我们也将把目光从屏幕上移开，回到原本的生活中。在物联网时代有了更多的连接网络的可能，对家居生活的影响也最为广泛。

b. 当传统家居遇上"互联网 +"

从供应方的角度来看,传统家居的产品和市场都已成形,行业的参与者都在努力寻求新的增长点。"互联网 +"的提出,给了传统家居参与者很多启发,都在努力探索如何践行互联网思维。一台传统的电视,如果可以连入网络,不但提供的内容会更加丰富,还可以实现手机控制等新奇的功能;一个传统的地产项目,如果在预装时,就实施了智能家居解决方案,业主入住的时候,推开的将是智能生活的大门。

从需求方的角度来看,人们对家居生活有了更多的期待。随着生活水平的提高和中产阶级的不断壮大,对生活品质的追求变得日益迫切。而智能家居的出现,恰恰可以解决这方面的需求。早晨起床时,一杯新鲜的豆浆已经做好;夜里起床时,智能夜灯会自动亮起;智能家居就这样从身边的小事做起,逐渐走进了人们的生活。此外,节能环保意识的提高,也促进了人们对智能家居的向往。

c. 实施成本的降低

根据高盛的报告[2],在过去的 10 年间,智能硬件终端、网络连接和数据处理三个方面的成本都有所降低。

- 更廉价的传感器: 传感器的平均成本从 1.30 美元降至 0.60 美元。

- 更廉价的带宽: 带宽的成本下降了约 40 倍。

- 更廉价的数据处理成本: 数据处理的成本下降了约 60 倍。

综上所述,整个物联网的实施成本有了很大幅度的降低,而智能家居作为物联网的一部分,也受惠于成本的降低。

提到元器件成本,就离不开摩尔定律(Moore's law),它是由英特尔的戈登·摩尔在 1965 年提出来的: 集成电路上所集成的电路数目,约每 18 个月会翻一番;换一句话说,微处理器的性能每 18 个月会提高一倍,或者价格下降一半。不过此定律被认为是一种推测,并没有基于什么物理法则。而实际情况也证明,这种技术发展的增速有放缓的迹象,但成本的降低,是一种不可抵挡的大趋势。

d. 性能与功能的提升

从智能家居技术的基础层来看，性能有了很大的提升。

— 计算速度的提升，提供了更强大的数据处理能力。

— 大数据技术的发展，可以从数据中发掘更多的价值。

— 广泛的网络覆盖，让基于Wi-Fi通信的智能设备更容易实现连网。

此外，在安全性、功耗管理、远程控制方面技术的突破，都提升了智能家居的性能。

从智能家居用户的应用层来看，功能也有了一定的改进。

— 人工智能和机器学习技术的发展，能为用户提供更加贴心的体验。

— 智能手机的普及，让很多简单的设备可以借助手机完成计算和连网，从而提供更丰富的功能。

综上所述，在宏观层面上，智能家居将借力物联网和"互联网+"的趋势；在微观层面上，智能家居将借助技术发展的有利趋势。因此，蓄势已久的智能家居即将爆发。

1.4 与智能家居相关的概念

随着科技公司的广泛布局、资本的疯狂追逐、媒体的大力报道，很多科技概念已经被过度消费。当人们对一个新的概念刚刚有了点认识的时候，另一个概念又被抛了出来，真正能被人们记住的，恐怕只是一个雏形和一些片面的见解。而这些概念的吹捧者，为了保持视野的前瞻性和话题的新鲜度，不得不追随着更新的概念，也因此错失了把概念落地的时间和机会。

于是这些概念变成了风口词汇：来得很突然，去得也匆忙。但幸运的是，这些概念正在悄悄地来到人们的身边，智能家居为这些看似熟悉却又有些陌生的概念，提供了一个登台亮相的机会。

1.4.1 与物联网相关的概念

a. 物联网（Internet of Things，简称 IoT）

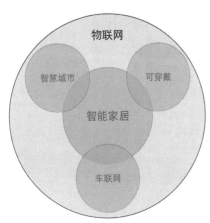

图 1-4　物联网相关概念的关系图

这一概念是由英国科学家 Kevin Ashton，于 1999 年在麻省理工学院提出的是指把原本相互独立的设备，通过连网实现互联互通，从而提高效率，提供更多服务，获得健康、安全、环保等方面的收益。

同时这也是一个很广泛的概念，它包括：智能家居、可穿戴设备、车联网、智慧城市、产业互联网等智能设备。如图 1-4 所示，智能家居是物联网的一个重要组成部分。

在物联网的基础上，思科公司更是进一步提出了万物联网（Internet of Everything，简称 IoE）的概念 [3]，认为可以实现对人、物体、数据、流程的有效连接，从而让城市和社区的生活更加舒适。

b. 可穿戴设备（Wearables）

可穿戴设备几乎是最早来到人们身边的智能设备，其包括：智能手环、智能手表、智能眼镜、智能运动相机等。根据高盛的预测 [2]，到 2017 年，全球可穿戴设备的利润总额将达 200 亿美元。

与智能家居的交集：当用户在家中时，所佩戴的设备可以与智能家居产生交互。例如，可以通过手环上的按键，打开家里的灯；再如，可以通过智能手表，查看此刻家中的空气状况。

c. 车联网（Connected Cars 或 Internet of Vehicles）

车联网的功能包括：对车况的检查、日常资讯、娱乐、导航、车辆管理等。根据 Gartner 的预测，到 2020 年联网车的数量将超过传统车。

与智能家居的交集：当用户驾车离开或者回到家中时，可以与智能家居产生一些联动。例如前面情景实例中提到的下班回家，当你在公司发动车时，家中的空调和电饭煲可以根据路况信息，适时开始工作。

d. 智慧城市（Smart City）

智慧城市是把新一代信息技术充分运用在各行各业，涉及城市的经济、环境、生活、经济等方面，包括：智能仪表、智能交通灯、智能停车收费系统、城市资源利用率分析等。

与智能家居的交集，例如，智能水电表可以完成自动抄表。再如，智能洗衣机可以根据智慧城市提供的用电峰值信息，选择合适的工作时间，以提高城市的公共资源利用率。

1.4.2 技术类概念

a. 云计算（Cloud Computing）

云计算技术，是一种基于互联网的计算资源共享方式，可以广泛地为智能家居提供可靠的数据存储与处理的功能。

在早期的互联网时代，一种网络服务可能需要大量的服务器资源和带宽等硬件保障，这无疑提高了开发的门槛。但如今借助云计算技术和"云平台"提供商，计算资源变得更加"民主化"，智能家居中的设备通过接入"云"端，都可以获得优质的计算资源。很多创业团队借助云计算技术，同样打造出了优秀的产品，也推动了行业的繁荣与发展。

b. 大数据

大数据技术，是指在合理的时间内，对海量数据进行获取、处理并挖掘出有价值的、可解读的信息。

智能家居中的各种设备都会产生大量的数据，其中还包括一些非结构化的数据，这都意味着大数据技术的机会。大数据技术，可以为智能家居挖掘出更多有价值的信息。例如，根据用户冰箱里食品的喜好，推荐更健康的生活方式；根据天气和用户着装习惯的历史记录，建议更合心意的服饰搭配。

c. 增强现实（Augmented Reality，简称 AR）

增强现实技术，是在现实世界影像的基础上，叠加一个虚拟世界的图像，并可以进行互动。

作为一种全新的观察世界的方式，增强现实技术可以为智能家居提供一种更加丰富的交互体验。例如在微软 Hololens 的概念宣传片[4]中，就可以感受到增强现实技术在智能家居中的应用：在书桌上立体展示天气预报，在墙上观看电视节目。就像宣传语中说的那样：当你改变了看世界的方式时，你就改变了你所看见的世界（"When you change the way you see the world, you can change the world you see."）。

d. 人工智能（Artificial Intelligence，简称 AI）

人工智能，是计算机科学的一个分支，通过研究、开发电脑或软件，以实现对人类智能的模拟，可以为智能家居提供一个聪明的智能中枢。

借助人工智能，我们可以像科幻电影中那样，随心所欲地控制家里的设备。人工智能将在家中扮演"管家"的角色，根据智能的程度分为控制、反馈和交流三个层次。根据用户的需求，去控制一些设备并及时地反馈，这是大多数"管家"都能做到的，但要达到机器与人自由"交流"的层次，还需要更多的研究。

e. 工业 4.0（Industry 4.0）

工业 4.0，是指通过制造业的信息化和智能化，完成传统工厂到智慧工厂的升级，并实现商业流程和价值流程的优质整合。

借助工业 4.0 技术，工厂可以更好地把控智能产品的生产流程，而且智能产品也是由诸多智能元器件构成，并具有一定的感知、计算和通信的能力，这更丰富了在生产过程中与工业 4.0 技术的结合。

综上所述，一方面，智能家居提供了一个让技术走到大众身边的舞台，提供了一个让概念落地的机会；另一方面，这些概念也让智能家居变得更舒适、更强大。

1.5　智能家居三原色模型

在色彩学中，红、绿、蓝被称为"三原色"；按照不同的比例去组合这三种颜色，会产生丰富多彩的色彩。这套原色系统被称作"RGB 色彩空间"。在其最中心的重叠区域是白色，色彩纯正，没有半点瑕疵和偏颇。

在 Drew Conway 提出的数据科学文氏图 [5] 中，数据科学是数学与统计学知识、计算机技能和商业逻辑三者的交集。他认为只有同时具备这三种技能的人，才能驾驭数据科学的舞台。

受这两种模型的启发，笔者也提出了属于智能家居行业的三原色模型：技术 + 体验 + 推广与运营。只有当产品兼具这三个方面的特质时，才能成为一款优秀的、没有瑕疵的智能家居产品。

为了对三原色模型先有一些感性的认识，图 1-5 通过词云的形式，罗列了每个方面所需要具备的特质和相关概念。

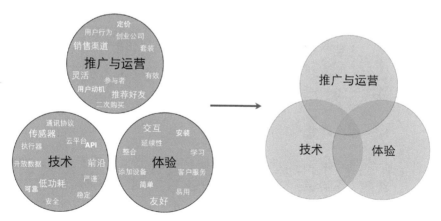

图 1-5　智能家居三原色模型

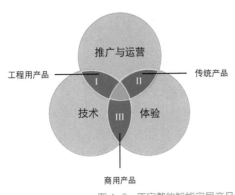

图 1-6 不完整的智能家居产品

在技术方面，涵盖了智能家居的硬件、通信、数据处理等技术；技术是整个产品的基础，需要做到前沿、严谨与可靠。

在体验方面，涵盖了用户在使用智能家居全过程的体验；体验是产品的外表，需要做到简单、易用。

在推广与运营方面，涵盖了把产品带入千家万户的过程，如公司的可持续运营、产品的有效升级迭代、让用户愿意买单；需要做到灵活、有效。

只有处于三原色交叉的区域，才能称得上一款成功的智能家居产品，否则任何的偏颇，都有其不可避免的局限性。或许在短时间内能得到某些群体的肯定，但从长远来看终究难以向大众推广。

I. 工程用产品

这只是一款高傲的产品，炫酷却又有些疏远，给人一种不友好的印象。没有在用户体验方面投入足够的思考，会让产品变得突兀；即使技术过硬、推广策略有效，但因学习门槛过高，也只能局限在专业从业者或技术爱好者的圈子里，很难走进广大用户的家里。

II. 传统产品

这只是一款传统的产品，熟悉却又有些腻，给人一种不入时的印象。这类产品有着很成熟的市场和很流畅的体验，而且已经被广大用户所熟悉，但因为缺乏革新技术的融入，用户的满意度和厂商的利润率都遇到了发展的瓶颈。

III. 商用产品

这只是一款单纯的产品，卖好却不卖座，给人一种不完整的印象。虽然产品实现了技术和体验的完美融合，但因为推广与运营模式的薄弱，在市场上受阻，制约了产品的推广，最终只能局限在商用或者少数群体。

1.6 本书框架

回顾一下本章引语中的那幅极简的插图。如果把本书比作一幅画，那么书中的 8 个章节也是按照智能家居三原色模型逐渐绘制。

第 1 章勾画了三个圆的框架：通过情景实例的介绍、基本属性的总结、相关概念的阐述，对智能家居有些初步的了解，并且进一步引出了三原色模型。

第 2 章填补了一下左圆：智能家居相关的技术。首先介绍了技术框架，然后讲解了传感器、通信协议、数据同步等细节，有一定的技术门槛。

第 3 章填补了一下右圆：智能家居中的用户体验：从交互方式的演变到体验的再整合，从传统体验的延伸到双向学习的过程。

第 4 章进一步勾画了两圆的交集：智能家居中的产品。先后介绍了智能化程度的区分、智能产品的用户中心化，以及产品联动和应用情景。

第 5 章着重填充了两圆的交集：以 6 大产品系统为线索，罗列了多种智能家居产品的特性。

第 6 章从用户的角度勾画了上圆：根据多种划分标准介绍了用户群体的构成，还从感性和理性因素的角度分析了用户需求。

第 7 章从商家的角度勾画了上圆：介绍了不同行业参与者的推广之道，其中包括科技公司、传统企业、创业公司等。

第 8 章聚焦在了三个圆的交集：从技术、行业、企业、从业者等多个角度畅想了智能家居的未来。

对于智能家居来说，有很多可以量化的数据，因为智能的本质是数字。如果本书也尝试着量化一下，从各方面的比重来看，技术、体验、运营与推广的比例大约是 2:4:4。

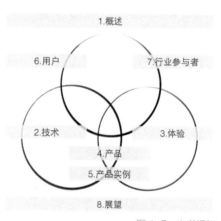

图 1-7　本书框架

【本章小结】

通过本章的介绍，大幕已经开启。首先描述了一些常见的情景，并提取出了智能家居的基本属性，然后介绍了一些相关概念，并提出了属于智能家居的三原色模型。接下来，好戏即将围绕着这三个圆逐渐登场。

第2章

技术搭台
——与智能家居相关的技术

【本章引语】

被誉为史上最伟大的歌舞片之一的电影《雨中曲》（Singin' in the Rain），在风靡了几十年之后，被搬上了各地剧场的舞台。演员们在台上的人造雨中翩翩起舞，尽情地演绎着"雨中曲"；观众们伴着雨中的湿气，更加沉浸在歌声里。为了营造效果，有的场次甚至会用到4000公斤的水，但不用担心剧场的环境，整个舞台会在中场休息时被清扫得干干净净。而这一切都归功于强大的舞台设计，因为只有技术过硬，演员们才敢当众玩水。

对于智能家居也是同样的道理，底层的技术是否过硬几乎决定了产品的成败。本章就让我们来看一下智能家居的舞台是如何搭建的，各种技术又是如何支撑着整个产品的。

本章首先会介绍一下智能家居产品的技术架构，然后进一步介绍一些技术上的细节。不过基于本书的目标群体主要是非技术人员，所以这里介绍的细节也都是一些基本知识，而且对这些技术知识的掌握，也有助于产品的设计和推广。

2.1 智能家居产品的技术架构

通过本节对"物联网的新技术架构"模型的介绍，可以对各模块有一个初步的了解。然后将结合一个众筹项目，进一步解释这个模型。

2.1.1 物联网产品的技术架构

对技术架构的了解，将有助于从整体的层面去掌握技术。这里的架构是在迈克尔·波特和詹姆斯·贺普曼提出的"物联网的新技术架构"[6]的基础上，做了一点改编。所以，其不只局限于智能家居产品，也可以供其他智能产品参考使用。

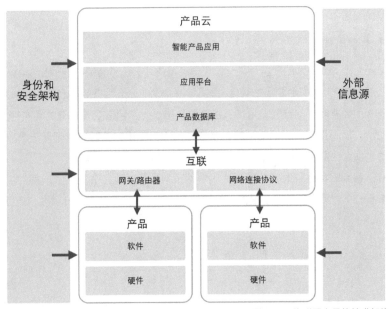

图 2-1 物联网产品的技术架构

a. 产品部分

从技术层面来说，产品包括硬件和软件两个部分。其中硬件包括：设备原有的物理部件、智能部件（传感器、处理器、数据存储装置、控制装置）、连网部件（接口、天线、网络连接模块、网络连接协议）。软件部分包括：操作系统、软件应用、用户交互系统。将在 2.2 节中，对传感器进行更多的介绍。

此外，在本书的框架中，把产品分为了技术和体验两个部分，这是从用户的接触层面来划分的。将用户所能接触到的、看到的归为体验而用户接触不到的、最底层的归为技术，也就是本章所介绍的内容。

b. 互联部分

与迈克尔的观点不同，这里把网关、路由器之类的连网设备也归于该部分，而且网络连接协议不仅局限在产品和产品云之间的通信，还包括产品和产品之间的直接通信。此外，将在 2.3 节中，对通信协议做更多的介绍。

c. 产品云部分

产品云由三个部分组成：产品数据库、应用平台、智能应用平台。其中产品数据库是最底层的数据存储环节，需要实现对产品实时数据和历史数据进行存储与管理。应用平台，是通过对产品数据库的利用，以实现产品基础的智能功能，还包括与智能手机 APP 的连通。智能应用平台，是一个采用了大数据分析技术的智能控制中心，包括一些智能规则库，以实现高层次的智能管理，并可以与 CRM（Customer Relationship Management, 即客户关系管理）等业务系统相连接。另外，将在 2.4 节中对数据的同步做更多的介绍。

d. 身份和安全架构

对于用户来说，包括用户身份的验证、设备的授权管理。

对于系统管理人员来说，包括后台系统的权限管理、云平台的权限管理。例如当遇到技术故障时，如何向工程师、客服人员授权，并管理其查看的数据范围和操作权限等。

e. 外部数据源

外部数据源，指外部数据的接口，包括天气、交通、地理位置等信息。其中，包括一些开放数据，需要通过 API 接入系统。另外，这里也值得介绍一下 SDK 和 API 两个概念。SDK（Software Development Kit，即软件开发工具组）是一整套供开发者用来开发程序的工具。例如，Android SDK 就是用来开发 Android 系统的应用程序。API（Application Programming Interface，即应用程序界面）是一个用来让同一平台下的程序调用其他功能的函数库。例如，需要在自己的网站上嵌入地图服务，就可以使用地图提供商的 API。通常 SDK 中也会包含一些 API。

综上所述，需要明确的是，技术框架的提出往往只是为了理解问题，并没有一个固定的标准，也没有严格的界限。例如在产品部分的连网部件中，也有用于网络连接的元器件和通信协议。

2.1.2 技术架构实例

下面将以众筹项目 MESH[7] 为例，进一步介绍技术框架的每一个部分。MESH 项目取自 "Make、Experience、Share" 三个单词的首字母，也很好地诠释了项目的初衷：用户通过不同模块的搭配去自行创造一个智能产品，然后在生活中体验这种智能化产品，并将这种想法分享给好友。因为项目的模块具有灵活组合的特点，所以非常适合在这里作为技术架构的实例去讲解。

a. 产品部分

从产品的硬件部分来说，套装中分别包括：加速度模块、LED 灯模块、按钮模块，每个模块都有一个相应功能的传感器和一块充电电池。

b. 互联部分

从产品和产品云之间的通信来说，所有的模块都是通过蓝牙低功耗技术（BLE）与 iPad 相连，从而连接了产品云。

从产品间的互联来说，模块和模块之间的通信同样采用了蓝牙低功耗技术，且模块之间的通信距离可达 10 米。

c. 产品云部分

从产品的功能逻辑层面，也就是产品云方面来看，用户不需要编程，在 iPad 应用 Canvas 的可视化界面上，通过简单地拖拽即可完成模块的搭配与连接。其中支持的软件逻辑包括计时器、计数器、逻辑与操作。

d. 身份和安全架构

对于设备的添加过程，用户需要在 iPad 应用中点击"登记"按钮，然后将模块置于 iPad 周围，即可完成绑定，且每个 iPad 最多可以绑定 10 个模块。

e. 外部数据源

支持的外部数据源，包括天气、邮件提醒等功能。例如，在下雨天出门前，提示灯会提醒用户带伞。还可以通过配置，与摄像头、运动相机等外部硬件相连。例如，在一定的条件下，可以触发相机去拍照。

2.2 智能设备的触角：传感器

传感器，一个听上去有些距离感的科技词汇，其实早已经遍布生活的各个角落。从感应水龙头到电饭煲，从声控灯到光电鼠标，从遥控器到智能手机，都是传感器在发挥着作用。

a. 传感器的构成

根据郎为民在《大话物联网》[8] 中的介绍，传感器就是把一些非电学物理量，转换成电学量（如电压、电流、电容等）的元器件，从而可以进行测量、传输与处理。非电学物理量，包括速度、压力、温度、湿度、光照度、流量等。如图 2-2 所示，传感器通常由敏感元件、转换元件和测量电路构成，有时还需要加上一个辅助电源。其中，敏感元件可以直接感受被测量的非电信号，是传感器的核心，也是设计与制作传感器的关键。

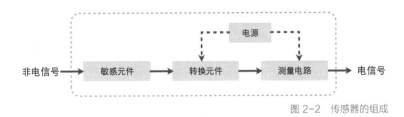

图 2-2　传感器的组成

b. 手机中常见的传感器

智能手机已经成为人们日常生活的一部分，其中丰富的传感器发挥着感知的作用，增强了手机的智能化。如今，越来越多的智能产品正在挑战手机的一些功能，这背后正是把一些手机中的传感器迁移到了智能产品中。下面将梳理一下手机中常见的传感器。

– 加速度传感器

又称为加速计、重力加速度传感器等，也是最为成熟的一种 MEMS（Microelectromechanical Systems，即微机电系统）装置。用于测量手机自身的运动，可以监测到手机的摆放方向和角度。通常与陀螺仪一起使用。

– 陀螺仪传感器

可以提供更高精度的角度信息，能识别出手机逆时针旋转、顺时针旋转和朝上下左右 4 个方向的旋转。在智能产品中，可以用于监护类设备对跌倒事故的识别。

– 方位传感器

又称为电子罗盘，通过地磁场确定北极的方向，配合 GPS 信息后，可以提供导航功能。通常在使用前需要运用 8 字校准法进行校准。

– 距离传感器

由一个光脉冲发射和探测器组成，通过测量发射出的光脉冲反射回来的时间，去计算与物体之间的距离。常用情景是，当人们打电话时，手机接近面部后屏幕便会熄灭，另外，这一功能可以帮助手机实现节能。在智能产品中，该传感器可以带来一种非接触式的操作方式。

– 光线传感器

可以测量手机周边的光线明亮程度，并进一步自动调节屏幕的亮暗。该传感器可以很好地被用在室内光线的监测上，并与照明系统和窗帘产生联动。

– 声响传感器

利用声电转换器件，把声响转换为电信号，话筒便使用了这种传感器。在智能产品中，声控灯是最常见的情景，也可以用于安防。

c. 更多的传感器

正如传感器的"感"来自于"感觉"一词，在物联网中，传感器就像触角一样可以感知到周边的环境。那么在智能家居中，传感器需要做到像人的五官一样，去感受声音、光线、温度等外界环境，更需要去感知一些人无法觉察到的信息。除了上节介绍的那些手机中常见的传感器，更多传感器的引入，进一步增强了智能家居的感知能力。

在环境监测与管理类的智能产品中，可以借助温度传感器、气体传感器、气压传感器等，去感知家中的环境情况。在安防类的智能产品中，可以借助震动传感器、红外传感器、压力传感器等，去识别一些事件的发生。

综上所述，一些传感器的引入，并与原有功能产生联动，这便是一种智能化的思路。其中，传感器是信息的输入端，可以触发产品的原有功能，从而构成一个智能的整体。

d. 传感器实例

传感器经过一定的包装后，也能作为一种智能家居产品去使用。

以众筹项目 Notion[9] 为例，可以更具体地理解传感器的功能。这款轻巧的产品，采用了一节纽扣电池，通常可以使用两年，并内置了多种传感器，通过下表可以了解到具体的应用情景。

传感器	应用情景
光线传感器	判断房间内的灯是否忘记关闭
温度传感器	判断室内温度是否适宜
压电传感器	判断罐内液体的剩余量
距离传感器	判断橱柜门是否被打开
陀螺仪	判断房门是否被打开
漏水探测器	判断水管是否漏水

基于每个传感器都具有丰富的功能，Notion 团队认为，一个家里配备 7 个传感器，便可以构建一个比较完整的智能家居系统。

e. PCB

PCB（Printed Circuit Board，即印制电路板）是另一个智能设备中常见的概念，它由若干层玻璃纤维材料和铜箔构成。其中，玻璃纤维是 PCB 的主要底板，并且是铜箔之间的绝缘体。铜箔像一条河流把电路板中的元器件（包括传感器）连接了起来，其走过的路径又被称作走线。元器件的连接又分为表面贴装和通孔连接两种。

2.3 智能设备互联的语言：通信协议

产品在经过了部分智能化升级之后，设备拥有了一定的感知能力。而实现这些设备之间的互联，则像是让其可以互相通话。本节将首先介绍三种无线互联的语言，也就是通信协议，并对比每种协议的优缺点。此外，还介绍了 iBeacon 这种新兴技术。

2.3.1 点对点通信

点对点通信协议，即两个设备之间的连接协议，其代表是蓝牙协议。蓝牙，是一种基于 2.4GHz 频段的、短距离通信技术，能在手机、笔记本电脑、蓝牙耳机等智能设备之间进行无线信息交换。通过蓝牙技术，可以将原本没有连网能力的设备间接地连入互联网。基于其低功耗的特点和智能手机的普及，蓝牙依然是很多智能产品的首选，例如智能秤、运动手环、水杯、音箱等。

在实际应用中，如图 2-3 所示，蓝牙协议可以实现一种简单的设备连接方案。智能产品通过蓝牙协议与智能手机相连，进而通过互联网与产品云相连。不过，该连接过程需要手机保持蓝牙功能的开启。通过图 2-3 也可以看出，由于受蓝牙协议的通信距离的限制，用户只能在家中对产品进行查看与控制，所以该方案不支持远程控制。

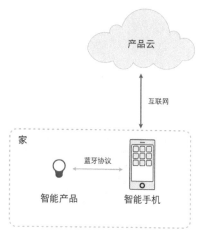

图 2-3 采用蓝牙协议的产品连接示意图

2.3.2 星状通信网络

在星状结构中，通常以一个设备为中心，向其他设备节点辐射。其中，Wi-Fi 作为一种代表性的通信协议，已经被广泛地使用。值得一提的是，Wi-Fi 一词是"Wireless Fidelity"的缩写，意思是"无线高保真"。基于其广泛普及度和传输速率，Wi-Fi 是很多智能产品的首选，例如安防摄像头、电视、智能插座等。

在实际应用中，如图 2-4 所示，Wi-Fi 可以实现一定规模的设备连接方案。家中的智能产品通过 Wi-Fi 与路由器相连，进而通过互联网接入产品云。用户也可以在手机有网络的地方，通过互联网去控制智能产品，包括远程查看和控制。不过，由于路由器的限制，智能产品必须位于路由器的信号范围内，且数量不能过多。此外，由于一些智能产品交互界面的限制，把其接入 Wi-Fi 网络的设置过程始终有着一定的操作门槛。

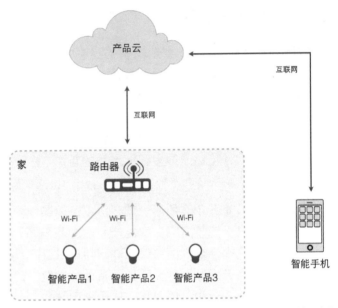

图 2-4　采用 Wi-Fi 的产品连接示意图

2.3.3 网状通信网络

网状结构，顾名思义是指设备之间能组成一个网络，更多的设备可以直接互相通信，具有更强的稳定性和拓展性。所以这种协议可以在智能家居中很好地发挥作用，进而也涌现出了多种协议，如 Zigbee、Zwave 以及后起之秀 Thread 等。在网状结构中，通常有一个中心设备——网关，它创建并管理着这个网络。有的设备不仅是一个节点，还可以参与数据的转发。转发路径是唯一的，并且需要一定的算法去确定。而有的设备则只是接收数据的节点，大多数时候处于休眠状态，以实现设备的低功耗。在完成组网后，为了进一步把设备接入互联网，还需要把网关和路由器相连。

在实际应用中，如图 2-5 所示，网状结构也可以实现一定规模的设备连接方案。家中的智能产品首先通过自组网，直接或间接地与网关连接，而网关又与路由器相连，进而实现了智能产品和产品云的相连。进一步讲，用户也可以通过手机去进行远程控制。

此外，值得一提的是，图中的智能产品 3 通过智能产品 2，也接入了智能网络，这也是网状结构的一大优势。

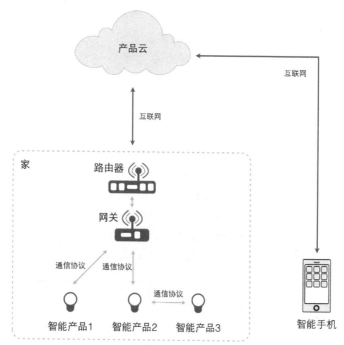

图 2-5　采用网状通信协议的产品连接示意图

2.3.4 通信协议的对比

在分别介绍了三种通信协议之后，本节将对其做一个对比。这种对比，也是厂商在自我宣传时和用户在选购产品时常要做的。但其实一种协议就像一门语言，有其丰富各异的特点，而没有绝对的优劣之分。

首先，简单地对比一下两种广泛使用的通信协议：星状结构和网状结构。如图 2-6 所示，星状结构对其中心设备的依赖度较高，该设备必须保持连接状态，且其他设备需要在中心设备的信号范围内。其实，这正是普遍使用的以 Wi-Fi 为通信协议的智能家居方案，而这里的中心设备就是路由器。当房屋面积

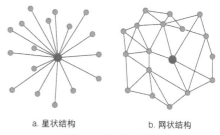

图 2-6　星状结构和网状结构的对比

过大时，若想使全家设备都实现连接，则需要通过其他途径扩大 Wi-Fi 的信号范围。

而相比之下，网状结构则具有较强的抗灾性和可扩展性。设备之间可以自组网，所以即使某设备出现故障，其他设备依然可以互相通信。虽然网状结构依然需要一个中心设备与外界相连，但基于强大的自组网能力，其通信范围可以无限拓展。此外，星状结构中的设备数量容易受通信效果的限制，而网状结构则具有 "设备越多、信号越强" 的特点。

下面将通过一些客观的数据去对比这三种通信协议，下表整理自 Jin-Shyan Lee 的一份研究报告[10]。从表中可以看出，每种协议都有在特定情形下的优点：如果只是简单快捷地尝试一下智能产品，蓝牙协议是一种选择；如果产品对带宽要求较高（如安防摄像头），Wi-Fi 便是最好的选择；如果智能家居系统中有很多设备，且部分设备需要考虑功耗问题，则 Zigbee 是一种不错的选择。

	Bluetooth 蓝牙	Wi-Fi	Zigbee
IEEE 标准	802.15.1	802.11	802.15.4
网络结构	点对点	星状	网状
最大传输速率	1 MB/s	54 MB/s	250 KB/s
传输范围	10m	100m	10~100m
功耗情况	中等	高功耗	低功耗
网络最多节点数	8	32+	64000+
连接延迟	10s+	3 ~ 5s	30ms−

综上所述，不同的协议，就像风格迥异的语言，共同丰富着智能设备的互联技术。在设计产品时，需要针对不同的产品需求，去选择相应的通信协议，以充分发挥其技术特性，并达到产品性能的提升。

2.3.5 iBeacon 技术

iBeacon 技术是由苹果公司提出的一种基于低功耗蓝牙（BLE）的室内定位技术，具有低功耗、低成本的特点。通过这种技术，可以检测到 iBeacon 基站附近智能设备的出现，然后该设备可以根据收到的 iBeacon 信息执行一些任务[11]。除了苹果的 iOS 设备外，也支持部分安卓 4.3 及以上的机型。

iBeacon 的传输距离分为 3 个范围：几厘米、几米和大于 10 米。因此，可以根据设备与 iBeacon 之间距离的变化，判断设备携带者的行为。但是，其局限性是设备必须保持蓝牙功能开启。幸运的是，像智能手环之类的智能设备，在推广的过程中也在一起教育市场，培养用户保持蓝牙开启的习惯。

自 2013 年该技术提出以来，在零售业中已经有了很成熟的应用。例如，当你在商场内路过某家店铺时，可能通过该商场的 APP 收到一条该店铺的打折消息。再如，iBeacon 技术已经整合到了微信的"摇一摇—周边"功能里，用户可以在商家附近通过摇取折扣券，以实现更多的消费。

此外，这一室内定位技术，可以在商店之外发挥更多的作用[12]。比如识别到用户在家中走动；比如嵌入到孩子的棒球手套里，可以确定孩子与家的距离，甚至还可以通过宠物佩戴定位产品，确保其不会走丢。

如图 2-7 所示，iBeacon 在自行车安防方面的应用[13]，也能带来一些启发。采用了 iBeacon 技术的自行车，可以被接入物联网，进而提供一些基于位置的服务。例如，当你走近自行车时，自行车会自动解锁，这省去了繁琐的开锁操作。例如，当自行车位于其他 iBeacon 基站时，你可以很容易定位自行车。而当自行车被盗时，也会及时向你的手机推送警报消息。

图 2-7　采用了 iBeacon 技术的智能自行车（图片来源：Kontakt.io）

2.4 智能设备的数据同步

在信息时代，人们不再受空间的限制，可以自由地进行信息的交换和共享，这便造成了数据同步的问题。对于基于网络的服务来说，数据同步始终是一项重要的工作，而且在物联网时代，数据同步将面临更大的挑战。

在人们熟悉的互联网服务和移动互联网服务中，离不开数据同步的问题。例如，在线购票时，如何确保剩余票数的实时展示，如何应对交易流程中出现的异常。再如，和好友聊天时，"对方正在输入"这种实时的提示是如何实现的。当然，随着网络技术的发展，这些问题都有了很好的解决方案。

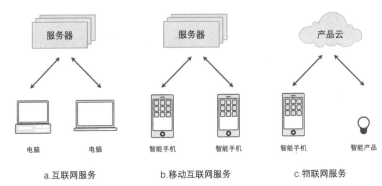

图 2-8　不同服务的数据同步问题

但在物联网时代，随着连网能力的普及，设备之间的数据同步面临着更加复杂的环境。不像智能手机有着一套较为完整的体系，智能产品从形态到技术都有较大的差异，更有可能使用着不同的网络通信协议。此外，还需要考虑到某些设备的低功耗特性。下面对数据同步的实例和协议的介绍，将有助于理解同步问题的难点。

a. 经典实例：两军问题

提到数据同步的问题，两军问题（Two Generals' Problem）是计算机网络中一个经典的例子。如图 2-9 所示，红方 A1 和 A2 两个军团分别驻扎在两个山头上，而山谷之间是蓝方的 B 军团。如果

A1 或者 A2 单独进攻 B 军团，将会失败，但如果同时进攻，就会胜利。所以红方两个军团对进攻时间的掌控，就变得至关重要。

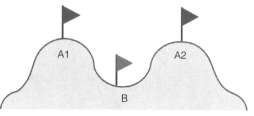

图 2-9　两军问题图例

为了达成协议，A1 派出了通信兵，且在通过山谷的时候没有被 B 军抓获，成功地把消息送给了 A2：明早 9 点向 B 军发起进攻。虽然此时 A2 知道了进攻的消息，但此时 A1 不确定这个消息已经顺利地通知到了 A2，所以通信兵需要再赶回 A1。于是，他又一次成功地通过了山谷，把通知到 A2 的消息告诉了 A1。但此时，A2 并不确定通信兵已经顺利地回到了 A1。于是，A1 和 A2 两军陷入了不断确认的死循环中，无法做到百分之百的确定。这个故事主要说明了在一个不可靠的网络中进行通信的缺点，也证明了世界上并不存在绝对可靠的通信协议。

b. 三次握手协议

就像上面例子中的 A1 和 A2 的通信，设备间在传输数据前，需要通信双方先达成一个协议，也就是握手技术。其中，最为著名的是三次握手协议（Three times handshake），如图 2-10 所示，设备 A 和设备 B 通过三次握手，达成了传输数据的协议。

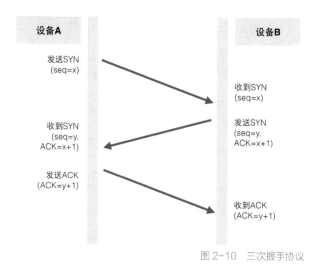

图 2-10　三次握手协议

- 第一次握手

建立连接时，设备 A 向设备 B 发送 SYN 包（Synchronize Sequence Numbers，即同步序列编号），其中 seq=x，并进入 SYN_SENT 状态，等待设备 B 确认。

- 第二次握手

设备 B 收到 SYN 包，给出确认 ACK=x+1；并发送自己的 SYN 包（seq=y），同时进入 SYN_RECV 状态。

- 第三次握手

设备 A 收到 SYN 包，给出确认 ACK=y+1；然后两个设备都进入 ESTABLISHED 状态，表示连接成功。

完成三次握手后，设备 A 和设备 B 便成功建立了连接，并开始传输数据。当然这也不能做到理论上的绝对可靠，但却是一种普遍使用的协议。

对于智能家居来讲，数据同步问题体现在很多方面，如设备状态的查看、产品之间的联动、手机对设备的控制等。而同时需要考虑的因素有：产品的功耗问题、网络通信协议的传输速率、数据的准确率等。通常，需要在多种因素中做出取舍，以保证产品整体体验上的最优。例如，如果想更准确地知道某设备的状态，则需要与其进行更频繁的通信，但这也将影响到该设备的功耗，特别是不通电的无线设备。这时，便需要在准确度和功耗之间做出权衡。

扩展来讲，数据是信息的载体，所以与数据相关的所有环节决定着一项技术的优劣。除了本节介绍的数据同步，对数据的存储、压缩、传输、处理等环节的了解，都将有助手提升从业者对产品的设计的认识。

【本章小结】

本章介绍了智能家居产品的技术架构，并进一步介绍了一些技术上的细节。从丰富的传感器，到特点各异的通信协议，再到数据同步的问题，都是智能家居产品的技术支撑，也都影响着上层产品带来的体验。

第3章

体验挑梁
——智能家居的用户体验

【本章引语】

在加利福尼亚州（以下简称加州）迪斯尼乐园的某个剧场里，观众们有序进场入座，整个剧场看上去有些普通，很常见的舞台配上很简单的背景，观众们大都因为视觉疲劳，并没有抱太高的期望。但在演出开始后，一个个彩蛋才被逐渐发现：舞台两边的柱子变身为加州女神Eureka，剧场的墙也变成了屏幕，更有通过吊索降落在舞台上的演员，带来了一段效果逼真的枪战。整个节目的绝佳体验都要归功于舞台背景的烘托，从而为观众们营造出精彩绝伦的奇幻场景。一场演出的水平如何，当演出开始后，观众心中自会有评判。智能家居也是一样的道理，当用户拿到了产品，真正开始使用的时候，用户体验就像一场演出，随着剧情的推进，用户会根据其自身体验，在心中给出一个真实的评价。

3.1 交互方式的演变

什么是交互？苹果公司的人机交互专家 Jef Raskin 认为：交互就是当你使用产品的某种功能时，你做了什么操作，然后产品是如何回应的（The way that you accomplish tasks with a product—what you do and how it responds）。

交互方式没有统一的标准，更没有一成不变的模式。随着技术的发展和产品种类的丰富，用户与产品的交互方式也在发生着演变。回顾这些演变的历程，有助于我们对交互方式进行重新思考。

a. 传统电器

就像 20 世纪 90 年代那些逐渐走进千家万户的家用电器，用最简单、最纯朴的方式，为人们的生活带来了一丝风采。比如那台不大的电视机，最多只能设置 10 个频道，而且需要预先调好每个频道的信号，每次换台或者调节音量都需要走到电视机前，用实体按键去操作。再比如那台双桶洗衣机，洗衣前需要人工注入适量的水，洗衣后则需要把衣物挪到脱水桶，摆放位置不合适的话还会咚咚作响。

这些家用电器丰富了人们的生活，解决了从无到有的问题，已经是一种进步。

b. 可遥控的电器

随着技术的发展，遥控器逐渐走进了人们的生活，让人们体会到了一种躺在沙发上也能掌控"世界"的感觉。比如换频道或者调节音量不用再走到电视前，再如觉得热了就用遥控器打开空调。于是，电器也在经历着一轮更新换代,吊扇之类的电器也逐渐退出了客厅。

于是，新一代的电器给生活带来了更多的舒适，人们也开始追求生活中的体验。

c. 有线连接的方案

随着互联网的发展和家中电器数量的增多，就出现了对这些电器进行集中控制的需求。通过网线和控制线路把所有电器相连，并且配备一台主机作为控制中心，就形成了智能家居的雏形。最著名的例子当数比尔·盖茨的私人豪宅，它成为智能家居的典范。但因为实施部署较为复杂，常常需要凿墙走线，而且扩展性有限，这种方案并没有得到有效的推广。

不过，这种方案却被酒店广泛采用，也因此被人们所熟知。几乎酒店里每个房间的床头，都会有一块控制面板，通过面板，可以控制整个房间的灯光、电视、空调。这也是第一次让人们体会到了前所未有的便捷：可以睡前在床头一键关灯、关电视。

d. 一堆遥控器的困局

由于用户对遥控方式的喜爱，厂商便努力迎合着这种趋势，于是遥控器成为电器的一种标配，甚至连一个电风扇都会配备遥控器。那么随着家中电器数量的增加，桌上就多了一堆的遥控器，而且功能上彼此孤立，所以体验上变得冗繁。例如为了看一档节目，可能先后需要使用电视、机顶盒和音箱的多个遥控器。这时超级遥控器的出现试图解决这一问题，但是离不开复杂的学习与配置过程。

孤立、复杂的操作体验，也是一种"信息过载"的表现，困扰着人们，也唤起了人们对简约生活的追求。

e. 控制方式的 APP 化

随着智能手机的普及和移动端应用程序的发展，用 APP 控制电器成为新的标配。于是传统的遥控器，正在被智能手机上的 APP 以虚拟化的方式所取代，那"一堆遥控器"也逐渐地变成了智能手机上的一个个 APP。

"信息过载"的问题似乎得到了缓解，桌上的遥控器都被搬到了手机上；但在功能上彼此依然孤立，所以问题并没有被完全解决。

除了上述介绍的几种较为普及的交互方式，一些智能交互方式也在逐渐地走进人们的生活。比如将在 4.2.2 小节中介绍的智能音箱，可以与用户进行语音交互，从而摆脱了手机的束缚。再如将 5.4.5 小节中介绍的智能喂猫器和 5.5.2 小节中的电冰箱，都具有图像交互的功能，既丰富了用户体验，又拓展了产品功能。

著名的信息技术研究与咨询机构 Gartner，每年都会针对商业智能和分析工具进行一个评测，又称作魔力四象限（Magic Quadrant）[14]。评测的一个维度是愿景的完整性（Completeness of Vision）考察的是功能、技术、服务是否具有足够的前瞻性，另一个维度是执行能力（Ability to Execute）考察的是实现愿景的执行力。

由此可以延伸出一个属于电器交互方式的评价体系：横轴代表功能的丰富性，纵轴代表交互的复杂度。图 3-1 借助这个评价体系，回顾了电器的演变过程。

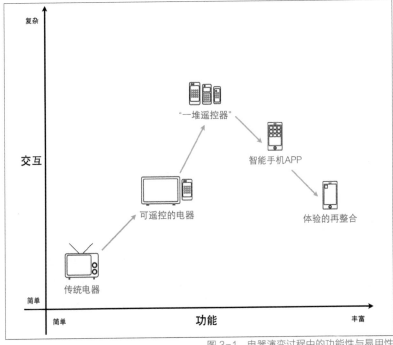

图 3-1　电器演变过程中的功能性与易用性

一方面，功能的丰富，往往会增加交的互复杂度。例如使用遥控器可以体验到更多的功能，但同时用户需要去学习、去熟悉每个按键的含义。再如，越来越多的电器都可以去遥控，这丰富了电器的功能，但也造成了"一堆遥控器"的繁琐操作。

另一方面，技术的发展和设计上的优化，都可以有效地削弱交互的复杂度。例如遥控功能的虚拟化，用智能手机上的 APP 替代了原有的遥控器，通过掌上的屏幕即可完成复杂的操作。

综上所述，电器的功能在不断丰富的同时，也在交互方式上经历了一个由简到繁，并最终回归于简的过程。

3.2 体验的再整合

上一节回顾了电器交互方式的演变，用 APP 控制电器似乎成为一种标配，但这绝对不是演变的终点，新的问题已经出现。

－ 信息量过载：随着手机应用 APP 的普及和盛行，各种功能的应用蜂拥而至，但用户能够习惯性使用的 APP 数量是有限的，于是越来越多的 APP 在几次试用之后就被遗忘，甚至被卸载；

－ 手机端的体验更需要专注：因为屏幕尺寸的限制，手机的操作系统在设计时，就鼓励用户在每个时间只使用一种服务，而一个个孤立的 APP 就导致了一些频繁的切换操作，让时间变得更加碎片化，也影响了体验的流畅性；

－ 智能手机的整体性：从功能手机到智能手机，这个原本简单的工具被赋予了太多的功能，以至于整体性变得模糊。当我们重新思考智能手机的用户需求时，APP 只是一种手段，而用户真正需要的是可以获得的功能。

于是，用户体验面临着一次再整合，而一些第三方工具和手机层面的方案都体现了这种整合的思想。

3.2.1 第三方工具的整合

一些第三方工具的出现，将以平台的身份，去整合原本相互独立的智能硬件，微信的硬件平台就是一个很好的例子。在微信 6.1.1 版本更新后，可以支持智能硬件与微信客户端相连接。该功能是基于微信的 AirSync 技术，实现了客户端与蓝牙设备的通信。目前已经有越来越多的芯片和模块厂商，支持 AirSync 技术 [15]。

例如微信公众号"微信运动",就很好地整合了多种设备的运动数据。

– 对于 iPhone5s 及更高版本的用户,可以通过手机直接获得运动信息;

– 对于 Android Wear 用户,在安装微信应用后,也可以把运动数据同步到微信运动。

– 对于一些智能手环用户,只需在原有手环的应用中做一个授权,也可以与微信进行绑定。

这种数据的整合,一方面增强了便利性,不需要再打开原有的应用,即可在微信中直接查看每天的运动量;另一方面,微信也赋予了原本独立的设备一些社交属性。例如每天可以查看运动排行榜,好友之间还可以互相点赞,这些功能都大大提升了产品的用户黏性。而对于智能硬件单品来说,这种效果也是苦苦打造自己的社区所难以企及的。

除了智能手环,像一些智能家电、智能摄像头、智能插座等"微信互联设备",都可以接入微信中,进行简单的控制。

此外,微信还可以用在酒店房间的智能控制上,以幻腾智能的解决方案为例。在用户入住酒店时,只需要用微信在前台扫描一下二维码,即可获得该房间所有设备的控制权限;当用户退房后,二维码也会自动失效。这省去了下载 APP、注册账号等复杂的操作。

如图 3-2 所示,在用户获得该房间的权限后,可以通过微信去调节照明和窗帘,可以设置一些常用的情景,还可以购买一些客房服务。而且因为用户的偏好设置和微信号进行了关联,当该用户再一次来到该酒店,或者其他支持幻腾智能服务的酒店时,会看到之前做过的历史设置。这为经常出差在外的人,带来了一种熟悉的家的感觉。

由此可见,第三方工具对产品的整合,有着以下诸多优点。

– 更广泛的用户群体,并赋予了社交属性

省去了用户注册账户的操作,而且社交属性的引入,增加了产品的趣味性和用户黏性(将在第 6 章对用户动机进行更多的讨论)。

– 更低的使用门槛

省去了安装、升级 APP 等步骤，用户可以在无 APP 的情况下，通过轻应用的方式体验产品。

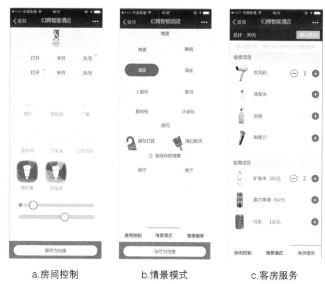

a.房间控制　　　　b.情景模式　　　　c.客房服务

图 3-2　　通过微信控制酒店房间的操作界面

– 更低的开发成本，更迅速的产品迭代

微信中轻应用的开发成本更低、更新速度更快，而不需要面对 iOS 下每次应用提交后的审核环节，敏捷开发更符合当前的市场速度。

当然，微信的这种整合也有一些不足之处。

– 当前只是浅度的整合

设备之间依然独立，没有形成智能家居系统级的解决方案。

– 智能设备的入口较深

随着越来越多智能硬件的接入，会变得像微信公众号一样容易被"淹没"。

– 对用户群体所有权的思考

对于被整合的设备提供商，是依靠微信还是独立发展用户群体；

用户群体的所有权是一个需要结合推广策略去思考的问题。

苹果 iOS 的自带应用"健康"也是一个第三方整合服务的典范，可以接入与健康相关的各种设备。而且其平台性更加完整，用户不但可以允许设备写入数据，还可以授权设备从这里读取其他设备的数据。作为平台，促成了不同设备之间信息的互联互通。

此外，HomeKit 作为苹果公司在智能家居的布局，更是一个值得期待的平台。相信很多设备将借此平台，用上苹果的"大脑"，创造出更加智能的体验。

3.2.2 手机层面的整合

苹果公司也从手机层面提出了一种 APP 体验再整合的方案：在操作系统 iOS8 的版本中，推出了"今天"通知中心，支持第三方应用程序附带的小插件：可以是信息的展示，例如今天的天气情况；也可以是常用功能的快捷方式，例如创建一个印象笔记的清单；用户可以通过自上向下滑动屏幕，呼出通知中心，快捷地查看信息或者进行操作。

图 3-3 iOS "今天"通知中心示例(图片来源 幻腾智能APP 截图)

以幻腾智能的 APP 为例，用户可以快捷地在通知中心实现智能门磁状态的查看、全家的布防操作，以及对灯的情景控制。这种通知中心的小插件也体现了帕雷托法则（也称为 80/20 法则）的思想：用户 80% 的操作需求，可以通过这 20% 的操作步骤去快捷地实现，剩余的其他需求，则进入 APP 中完成。

下面两个应用情景，通过交互深度的对比，更形象地展示了"今天"通知中心与独立 APP 的差别。作为一个期望能"塞入"到用户日常生活中的操作，这种细究是很有必要的。

情景1：当用户回到家中，手机处于锁屏状态时，去打开灯的操作。

此情景考量的是功能的启动效率。可以看到"今天"通知中心避开了屏幕解锁和打开 APP 繁琐的过程，是一种适合日常操作的用户体验。

情景 2：当用户正在手机上看新闻时，去调整灯光的操作。

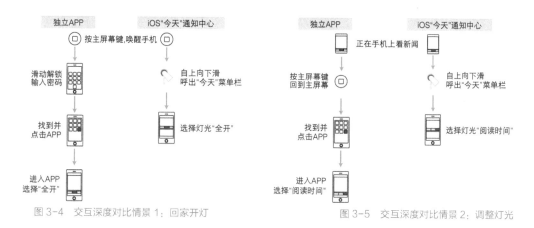

图 3-4　交互深度对比情景 1：回家开灯　　　　　图 3-5　交互深度对比情景 2：调整灯光

此情景考量的是功能的切换效率。可以看到"今天"通知中心避开了回到主屏幕和打开 APP 繁琐的过程，整个过程中无须按动实体键，而且在调整灯光后，可以通过向上滑动屏幕，重新回到之前的 APP 中，是一种更加连贯的操作体验。

综上所述，对于智能家居提供商来说，可考虑接受第三方工具的整合，从而赢得更广泛的用户群体和更强的用户黏性；也要学会利用通知中心，把用户的常用操作放置在通知中心的小插件里。总之要敢于"牺牲"用户对 APP 的一些依赖，毕竟赢得用户的体验才是关键。

3.3　传统家居体验的延伸

智能家居产品是在传统外形中，加入了聪明的内芯。回顾一下，在 1.2 节中所提及的智能家居的属性之一是"解决传统需求"。正因为是传统的需求，所以每个用户也都有着一种原有的体验：当用户接触到新的产品时，总会与原有的体验进行比较。因此在交互设计中，需要考虑到用户体验的延续与伸展。

3.3.1　安装与初体验

智能家居的用户体验，是从拆开产品包装盒的那一刻就开始了。一个产品的好坏，是用户在一步步的操作中逐渐形成的印象。而第一印象，就取决于安装和初始化过程中的每一个细节。

a. 设备的安装

传统家居用品安装，对一个人的动手能力是种考验。以宜家的产品为例，简洁的包装内通常有一张安装示意图，用户可以按照说明逐步完成安装。整个过程就像孩子搭积木一样，完成安装后还会有一丝成就感。

对于智能家居产品，借助提示音或指示灯的效果，安装体验可以做得更加丰富。

提示音的辅助体验，可以参考手机应用 Sleep Cycle 的做法。这是一款监测睡眠质量的应用，巧妙地利用了 iPhone 的加速度计，去识别用户在睡眠时的动作。虽然严格来讲这并不是智能硬件，但却同样存在一个安装的问题：为了有效获取睡眠信息，需要正确地摆放手机。为此，应用提供了一种有趣的摆放测试：摆放手机后，平躺在床上，并做一些翻身的动作，如果摆放良好，则每次翻身时都能听到一段提示音。

指示灯的辅助体验，可以参考幻腾智能的门窗开关传感器（又称为门磁）。这款产品分为主体和从体两个部分，需要分别安装在门和门框上（或者窗户和窗框）。通过两者的闭合状态，可以确认家中是否安全。所以在安装过程中两者之间的距离就很关键：当两者距离合适时，主体的指示灯会闪亮一下。虽然只是一个很简单的回应，却是一种有效的反馈，让安装变得流畅。此外还可以通过 APP 查看闭合状态，进一步确认安装效果。

b. 添加设备到账户

每个设备都有一个唯一的 ID 是智能设备的一个特点，所以用户在拿到设备后，需要把设备添加到自己的账户下，以获得对设备的控制权。

扫码是较常见的一种方式，用户通过扫描二维码或者条形码，完成对设备的添加。为了确保设备的安全，二维码或者条形码被扫描添加后往往会失效。随着微信等工具的盛行，扫码也逐渐成为一项全民技能，没有太高的技术门槛。而且扫码的过程，会营造出一种仪式感和科技感。

另一种添加方式是与设备配合完成的：在手机上通过 APP 向设备发出请求，并按动设备上的按键，便完成了添加，不过这种添加方式的安全性值得考虑。

c. 设备的连网

把每个设备连接到网络也是初始化阶段的一个难点。

对于采用 Wi-Fi 通信协议的设备，对码是一项复杂的操作。因为智能设备往往没有足够多的按键和足够大的屏幕，去选择 Wi-Fi 网络并输入密码。对码的原理是：通过手机上的 APP 向该环境下的所有设备广播家里 Wi-Fi 网络和密码，该设备听到后完成 Wi-Fi 连接。其过程不但复杂，而且存在安全隐患，因为在同一个环境下的所有设备都能收到用户家里网络的密码。很多行业参与者也都在努力改进这个连接流程，例如微信提出了 AirKiss 技术[16]，用户可以在 15 秒内，用更低的操作门槛完成设备的连网，不过这需要芯片或模块与微信合作，以支持 AirKiss 技术。再如，把手机和设备通过 USB 线相连去传输密码，也是一种方案。

对于采用其他通信协议的设备，连网的操作要简单一些：只需要将网关连网。网关就像是一个信息的中枢，一方面汇集了所有设备的通信信息，另一方面通过路由器与互联网相连。最友好的体验就是把网关与路由器相连，然后等待指示灯由红变蓝，便顺利地完成了所有设备的连网。

当然这些安装中的问题，都是 DIY 用户才会遇到的。对于有经济实力的用户，或者当工程量较大时，也可以选择一些技术支持提供商，由他们完成这些繁琐的安装和配置。根据市场调研机构 Parks Associates 的研究[17]，58% 的消费者在购买科技类产品时，会选择购买至少一次的技术支持。对技术支持需求的日渐增强，也与智能家居的盛行有关。这种支持服务主要是由设备制造商、零售商和服务提供商完成的。

3.3.2 日常操作

用户在日常操作中的体验，将影响到产品的用户黏度、二次购买、相关购买等。用户是否会推荐给其他的潜在用户，也取决于这一阶段的体验（将在第 6 章，对类似的用户行为进行更多的分析）。因此在很多细节的设计上，都需要考虑用户体验的延续与伸展。

a. 传统操作的延续

以软件的升级为例，向下兼容是默认的原则，比如说高版本的文本编辑软件 Windows Word 不但可以编辑并保存 docx 格式，还可以修改 doc 格式。不能因为软件的升级，就无法编辑之前的文档。

同理，智能家居也要遵循这种原则。例如，在互联网走进千家万户之前，人们已经习惯了对电灯的控制。那么对于智能照明系统来说，不能因为网络中断或者手机没电等原因，就不能再对电灯进行控制。同理，对于智能窗帘，也应该保证在停电的情况下可以手动去开关。于是，这对设备的自组网能力有了更高的要求。或许在网络如此发达和手机续航能力不断提升的今天，这是一个有些较真的例子。但放弃追求极致的同时，也意味着放弃了智能家居的一些潜在群体和推广机会。

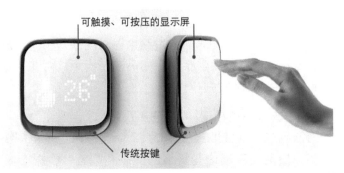

图 3-6　PIXEL Pro 墙面开关

再以幻腾智能的 PIXEL Pro 墙面开关为例，在引入了一个可触摸、可按压的显示屏之后，依然保留了 3 个传统的按键。一方面，如果用户对触屏之类的新鲜事物有些生疏的话，可以选择使用传统按键；另一方面，传统按键的"键程"保留了原有的手感。键程，就是按下一个键之后，键所走过的路程。手指按下后走过的距离、按键的机械声，都是整个体验的一部分，这是触屏开关所无法比拟的。扩展来讲，键程也是一个决定键盘的品质感的重要指标，同样是为了达到操作上的最优手感。

b. 功能的伸展

因为智能设备都有一个聪明的内芯，所以智能家居可以伸展出更多的功能，解决曾经的痛点。

以墙面开关的指示灯为例，首先回顾一个常见的情景：当我们来到一个陌生的房间，需要把所有的开关都试一遍，才知道按键和灯的对应关系，完成了一次简单的学习，并且这种学习往往需要多次才能被记住。因为没有指示灯，这种愚蠢的体验似乎一直在发生着。

后来在开关上引入了指示灯，有了方案 1：指示灯与灯保持同步：当某路的灯亮起时，其指示灯也会亮起；反之，则关闭。

但是新的问题又产生了，方案 1 不利于在黑暗中寻找开关，于是有了一种逆常理的方案 2：当某路的灯亮起时，其开关上的指示灯是灭的。这是一种不合常理的方式，而且不符合节能环保的理念：在灯关闭的大多数时间里，指示灯会一直亮着。

为此，如图 3-7 所示，可以提出一种智能化的方案 3：在白天且未开灯时，指示灯始终关闭；在夜晚时，指示灯分为全亮和弱亮，分别对应灯的亮起和关闭。该方案虽然看似复杂，但这一切都由系统根据规则去执行，不需要用户担心。

综上所述，方案 3 解

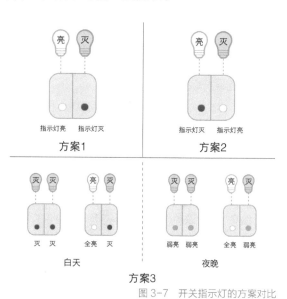

图 3-7 开关指示灯的方案对比

决了摸黑开灯和指示灯的问题，这要归功于两点：其一，智能设备是聪明的，是有时间观念的；其二，升级后的开关，指示灯的亮度在亮与灭之间还有弱亮度等状态。

c. 注意文案的质感

在日常操作中，文案发挥着"向导"的作用，而编写文案的过程，则是把交互背后的机理翻译成用户能理解的语言。比方说当用户浏览网页时，不喜欢看到"Error 500"之类的莫名其妙的提示语，而"该页面暂时无法打开,请稍后再试"带来的感觉就要友好很多。

相比之下，智能家居的用户群体更加广泛，因此在构思文案时需要更多的斟酌。或许因为科技发展得太快了，文化没有及时跟上，很多新鲜事物都还没有通俗易懂的说法。但对于科技词汇或者工程用语的使用要慎重，类似于"主控页面""固件升级"之类的词语，太过于生硬，不应该进入家庭。毕竟家是生活的地方，是一个很需要把握尺度的环境。

因此，只有放下专家的包袱，站在用户的角度去构思文案，才能让智能家居融入到人们的日常生活中。

3.3.3 客户支持与服务

基于智能设备具有连网和唯一身份等特性，智能家居可以提供更好的客户支持与服务。

a. 支持远程升级

对于传统的电器，不存在升级的说法，用户购买的只是这一代产品，随着技术的发展，很快就会过时。进入计算机时代，用户购买了一个软件后，也只能享受到这个版本的功能和进行有限的升级。在互联网时代，一些基于网络的服务让用户可以享受到升级换代。进入移动互联网时代后，这种产品更新的概念变得更加普及，人们渐渐都懂得了操作系统和应用程序都是可以升级的。

那么作为物联网时代的智能设备，依然延续着这种电子产品的可升级的特性，升级方式也非常简单，只需要保持网络畅通，即可完成。这是传统设备所没有的福利。

b. 预先发现问题

因为智能设备在工作时会产生很多数据，并保持与数据中心的通信，所以当用户发现某些故障时，可以及时地向厂商发送预警。厂商可以在产生影响前尽快处理，解决问题；或者及时告知用户，以便采取措施。这种预先发现问题的能力，也是传统设备所没有的。

c. 远程鉴定问题

再来回顾一下传统电器的维修服务，需要请维修工来家里修理，或者严重的话需要返厂，其流程复杂，更影响了电器的正常使用。

而今，因为每个智能设备都是连网的，且具有唯一 ID，很多情形下都可以通过客服电话鉴定问题，甚至解决问题。这大大降低了返厂维修的比例，避免了很多麻烦。

d. 推荐相关产品或服务

完整的智能家居体验将是一个生态系统，而智能家居单品的使用可以成为一个入口。适当地、精准地向用户推荐一些产品的联动功能，可以达成相关购买，从而增加用户对系统的黏性。

当然，推荐的频率和准确度，都是需要再三斟酌的。像浏览网页时那些大大小小的广告，很容易让人产生反感，从业者需要引以为戒，守护好物联网时代的用户体验。

3.4 双向学习的过程

随着身边的智能设备越来越多，也越来越聪明，有一个哲学问题值得思考：我们应该用什么样的眼光去看待它们。这其实是一个在智能化的道路上，无法回避的价值观层面的问题。和智能设备做朋友怎么样？下面就以智能手环 Jawbone 为例，讲述一段与手环相处的经历：

当戴上手环、完成与手机的配对后，他（因为在法语中，手环 bracelet 为阳性，所以称之为"他"）会要求你输入性别、身高、体重和生日等信息，并且告诉他你期望的运动目标和睡眠时长。然后他会做一个简短的自我介绍，交代一下彼此沟通的方式。随后的日子里，他会偶尔跟你确认刚才的运动信息，你也需要在睡前醒后都向他"汇报"一下。有时他也会以一个私人教练的身份出现，督促你多加锻炼，或者提供一些作息、饮食上的建议。

慢慢地，你会发现他变得很懂你，常常给出一些中肯的建议，同时，你也在学习着与"他"沟通，学会了登记自己的作息，习惯了查看每天的运动量和睡眠质量。其实这是一个双向学习的过程，随着彼此学习的深入，生活的质量也有了改善。

3.4.1 用户的学习过程

针对某个特定的产品，用户需要去学习一些操作该产品的专用技能。而且对这种技能的学习，往往是伴随着产品的使用进行的。比如当我们打开智能手机包装盒的时候，是找不到说明书的，而是通过手机自带的提示语去完成第一次学习。再如很多手机应用更是没有说明书的，而是通过提示框、半透明蒙层提示等方式，指引着用户进行第一次操作。

当然，苹果公司也意识到了引导用户去学习的重要性，所以在 iOS 操作系统中，多了一个叫"提示"的自带应用，每周会介绍一些操作技巧，很多都是隐藏的功能。

除了专用技能，用户通过其他产品学到的、可迁移的技能，就成为一种基本技能。其实随着电子产品的普及和一些手机应用的推广，整个社会都在学习着很多基本技能。比如看到二维码后就知道可以扫码，看到按钮图标后就知道长按和滑动等操作，看到触摸屏后就知道拖动或缩放等操作。

另外，这种基本技能的全民教育，更是有从孩子抓起的趋势，众筹项目 Codie[18] 就是最好的例子。这个项目意在通过机器人玩具，教会孩子编程的原理，锻炼逻辑思维。

如图 3-8 所示，用户购买的是一个机器人，并可以获得手机上的配套应用。机器人使用可充电的锂电池，最长运行时间可达 4 小时，其中内置了麦克风、磁场感应器、超声感应器等 8 种元器件，并采用了蓝牙 4.0 协议实现与手机的连接。

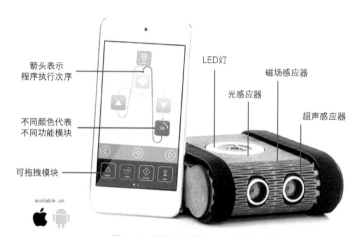

图 3-8　机器人玩具 Codie（图片来源：Indiegogo）

首先，孩子可以在应用里进行启发性的学习。通过简单的拖拽和排序，便可以完成初级的编程，甚至可以在简洁的操作界面中，实现 if-else 判断语句、变量、循环等功能。这非常有助于培养孩子的想象力和算法思维。

然后，机器人会让编写的程序变成现实，而不再是枯燥的纸上谈兵。可以检验一下刚刚编写的程序，并做一些改进。孩子在玩的同时也默默地体会到了"产品迭代"的思想。此外，机器人可以变成闹钟，还可以带着孩子们跳舞。

随着学习的深入，可以发掘出越来越多的玩法，所以这款产品的群体非常广泛，从 5 岁到 12 岁的孩子都能有所收获，甚至连成年人都很喜欢。就是通过这种寓教于乐的方式，孩子们了解了智能设备的原理，锻炼了逻辑思维、解决问题的能力、与科技产品的交互能力。有了这样的基础，对于本章之前介绍的设备的安装和配置都变得简单。相信这一代"未来的用户"将会用更强的基本技能，去拥抱一切新鲜的事物。

总之，如图 3-9a 所示，用户使用产品的过程，也是不断积累操作技能的程。

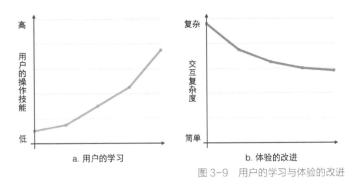

图 3-9　用户的学习与体验的改进

3.4.2 智能家居的学习过程

在电影《Her》中，智能操作系统 Samantha 通过高速分析男主角的邮件等信息，完成了对男主角的学习，甚至达到了对他了如指掌的程度。同时通过与男主角的交流，她逐渐形成了自己的性格，也包括与男主角相爱。正如图 3-9b 所示，系统在这个学习的过程中，不断地改进着体验，降低着用户的交互复杂度。

"学习用户的使用习惯" 是一句经常被提到的说法，系统真的可以变得那么智能，那么善解人意地给出恰当的建议吗？下面以 "提醒用户休息" 的功能为例，介绍一下学习的过程。

a. 设备使用日志的收集

需要尽可能全面地收集用户所有设备的使用数据，其中包括时间戳、设备状态等信息。这里使用了笔者的历时 15 天的设备使用数据，包括 5 个智能灯、3 个墙面开关、1 个门窗开关传感器、2 个红外传感器的数据。

b. 关键事件的识别

通过数据预处理，识别出关键事件。这里的关键事件是用户回到家中和关灯睡觉。对于回家，可以通过门窗开关传感器的状态去准确判断；对于关灯睡觉，可以通过所有灯的状态，再配合红外传感器去判断。图 3-10 是经过预处理后的设备使用数据，可以清晰地看到笔者 15 天内回家和关灯睡觉的时间。

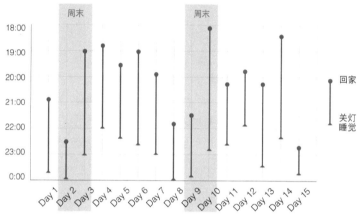

图 3-10　设备使用日志及关键事件

c. 相关因素分析

根据常识和设备的属性，对与睡觉时间相关的因素进行分析。首先，注意工作日和周末的差异：比如周五晚、周六晚，与其他几天相比会较晚回家，用户睡得也比较晚，进而推测这是由于周末活动较多所致；由于数据样本有限，将只选取周一至周四（共计 8 天）的数据作为培训集继续研究。其次，如果用户某个工作日回家较晚，可能意味着当天的工作较繁忙，所以会早些休息。这一步是尝试着为数据分析找出方向，可以大胆地想象与推测。

d. 数学模型分析

上面的分析只是一些基于常识的主观猜测，下面将通过简单的数学模型去验证。例如使用最简单的线性模型 y=ax+b；其中 y 代表睡觉的时间，x 代表回家的时间，a 和 b 是常量。通过对培训集的计算，可以解出常量 a 和 b 的值。于是当用户回家时，相当于给出了一个 x 值，便可以推算出睡觉时间。

e. 执行

当到了预测的时间时，系统会执行一个推送，例如"您有些累了吧？早些休息吧"。为了达到提醒的效果，推送的形式也可以丰富多样，可以用音箱或者灯光去配合实现。

f. 收集用户反馈

通过收集用户的反馈，让整个学习过程变成了信息的闭环。如图3-11 所示，若用户在收到推送后点击了"好的"，并稍后睡去，则确定此次预测是准确的；若用户点击了"再过会儿"，则需要根据用户当天真实的休息时间，去优化学习模型。当然，也有可能是在系统推送前，用户便已经进入了休息状态。总之，用户的反馈信息会被收集，并汇总到下一轮的学习中。

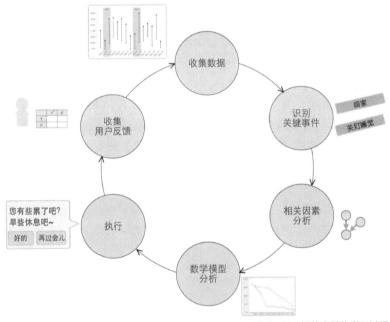

图 3-11　智能家居的学习过程

当然，上面的模型过于简单，效果也有限，还可以进行更多的分析。例如分析用户第二天的行程安排，如果用户繁忙的话，建议其早些休息；再如通过健康类智能设备的数据共享，根据用户的身体状况给出建议。

回顾一下整个学习过程，需要具备的正如在 1.5 节中提到的数据科学的技能：数学知识、计算机技能、商业逻辑。具体来说，首先需要商业逻辑之类的常识，确定分析的方向，然后需要数学知识，创建模型，并验证结果，整个过程都需要计算机技能，让机器去实现整个学习流程。

3.4.3 共同达到默契的体验

在推测"用户休息时间"的例子中，用户"告诉"系统的信息越全面，系统对用户的了解也就越深入。例如，对用户的日程安排和身体状况的信息的分析，将增加"休息时间"的预测准确度。再如，若用户在个人设置中填写了生日信息，那么生日那天就会收到系统的生日祝福，可以只是一个蛋糕的图标，但却足以增加欢乐。这很像一场恋爱，彼此要信任对方，并需要经过一段时间的磨合，才能共同达到一种默契的状态。

回顾上面介绍的双向学习过程：用户通过学习，其操作技能在逐渐增长；系统通过学习，其交互复杂度也在降低。如图 3-12 所示，通过用户的技能曲线和交互复杂度曲线的比对，便得出了用户的体验。当用户的技能不能应对交互复杂度时，用户获得良好的体验会很艰难；当用户的技能可以驾驭交互复杂度时，体验变得顺畅。

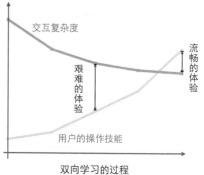

图 3-12　双向学习过程中体验的改进

其实，市场上不同的产品在用户体验中所比拼的，正是这种技能与复杂度的较量。一方面，努力寻找用户熟悉的技能，或者引导用户去学习；另一方面，努力降低交互的复杂度，让系统变得更加智能。

【本章小结】

用户对产品的体验，是通过每一个细节一点点积累而成的。本章首先分析了交互方式的演变，并着重讲解了体验的再整合。然后从安装到使用再到售后支持，阐述了对智能家居的体验是对传统家居体验的一种延伸。最后介绍了用户与系统之间的相互学习，并共同达到一种默契的状态。

当然是否整合之后，手机就能作为智能家居的中心，这依然是一个值得思考的问题，也会在下章继续讨论。

第 4 章

产品唱戏
——智能家居产品的变革

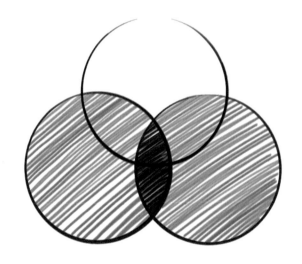

【本章引语】

2012 年伦敦奥运会开幕式，向全球观众们呈现了科技变革与人类社会发展的交融。从生机勃勃的田园风光，到乌烟瘴气的工业革命，都在追忆着那些变革的年代。此外，万维网发明者蒂姆·伯纳斯·李爵士的亮相，更是向信息技术的致敬。最为震撼的环节是在"工业革命"上演时，近千名鼓手会直接在观众席的过道上表演，让现场的每名观众都有置身于舞台中心的感觉。

正在到来的智能家居也在上演着科技与人文的交融，所有的智能设备都将以用户为中心，在家居生活的舞台上通过产品联动和应用情景演绎着多彩的篇章。

4.1 智能化程度

"智能"已经是一个被过度消费的词汇，厂商恨不得为每款产品都冠以智能的名字。那么只有区分好智能化的程度，才能有效地辨别智能产品的虚实。

4.1.1 "智能互联产品"模型

根据迈克尔·波特和詹姆斯·贺普曼提出的"智能互联产品"模型[6]，智能化的功能可以分为四类：监测、控制、优化和自动，而且四类功能之间有着层层递进的关系，例如一个产品的控制功能，一定是以其监测功能为基础的。

— 监测 (Monitoring)

通过传感器和外部数据源，去监测产品的状态、外部环境等，必要时会发出通知。

— 控制 (Control)

通过软件去控制产品的功能，并提供定制化的用户体验。

— 优化 (Optimization)

通过内置的算法，对产品的使用过程进行优化，从而提高产品性能，并可以预判产品故障。

— 自动 (Autonomy)

基于以上三类功能，产品可以自动运行，与其他产品或系统进行协作，并可以自动诊断问题。

下表以智能空调和智能摄像头的功能为例，进一步讲解"智能互联产品"模型。

类别	要点	实例 1：智能空调	实例 2：智能摄像头
监测	监测产品状态或外部环境	监测空调的工作状态 监测室内外温度、湿度等信息	监测摄像头的工作状态、网络状态 监测家中发生的事情

续表

类别	要点	实例 1：智能空调	实例 2：智能摄像头
控制	控制产品功能，与用户交互	通过手机 APP 打开空调	通过手机 APP 实现实时对讲功能
优化	优化产品性能	根据室内外温度调控工作模式 提示滤网需要清洗	当监控画面内有物体运动时，才开启录像功能，以减少带宽和存储消耗
自动	自动运行，与其他产品协作	识别到用户即将到家时，自动打开空调 当用户关闭所有灯睡下时，自动切换到夜间模式	用户在监控画面中预先指定一个区域，当有物体运动时，会触发报警报声和灯光闪烁 可以通过门窗开关日志，快捷查看相应时间点的录像

4.1.2 3-Sight 模型

3-Sight 模型从对数据的利用程度，来界定智能化的程度。该模型是由数据分析与挖掘工具 Ptengine[19] 提出的，虽然原用于数字营销领域的数据分析，但同样适用于智能化程度的划分。

模型中的 3 个层级由表象到本质，对数据的解读和应用也逐层深入。

– Sight/ 看见

指收集和展示数据的能力，是一项基本功，可以简单呈现事物的表象。

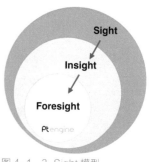

– Insight/ 洞见

指分析和解读数据的能力，是一个增长点，可以发现一些有价值的信息，并给出建议。

– Foresight/ 预见

指处理和挖掘数据的能力，是一招必杀技，可以对事物的走向做出一定的预判。

图 4-1　3-Sight 模型

层级	要点	实例 1：智能手环	实例 2：智能灯
Sight/ 看见	收集 展示	每日运动量的统计 每日睡眠时间的统计	开关灯操作日志的展示 照明时长的统计
Insight/ 洞见	分析 解读	近期运动规律的总结 与昨天运动量的对比	近期作息规律的总结 推荐不同情景下灯光的色彩和亮度
Foresight/ 预见	处理 挖掘	鉴于当天运动量较大，建议用户早些休息 在用户处于浅度睡眠时，把用户唤醒	根据用户作息规律，提醒用户睡觉 根据用户作息规律，推荐不同的情景模式

上表以智能手环和智能灯的功能为例，进一步讲解 3-Sight 模型。虽然智能手环不属于智能家居的范畴，但是作为一种普及度较高的产品，有助于用户对智能化程度的理解。

4.1.3 微智能

随着微博、微信的成功，"微"文化成为了一股不可忽视的力量。顾名思义，其倡导的是通过对商业模式或者产品设计上的一些微小的改进，形成巨大的效应。在传统家居产品智能化的变革中，也存在这种"微"文化，在这里将其称为微智能。

根据智能化程度和方式的不同，微智能又可以分为 3 种。

a. 遥控替代型

这种微智能的理念是：通过一个转发装置，替代原有的遥控器，并通过将转发装置连网，间接地把传统电器智能化。以欧瑞博的 Allone 智能遥控器 [20] 为例，其通过 Wi-Fi 连网和对传统遥控器的学习，实现了手机对家电的控制，解决了夏天回家前提前打开空调的这类控制需求。

产品特性：

– 整合原有的遥控器

通过对各种遥控器的学习，用手机去替代传统遥控器，实现了对控制能力的整合；同时引入了情景模式，可以一键控制多个设备。

– 对传统遥控器的兼容性

通过红外数据库的更新，可以兼容 99% 的家用电器的红外遥控。

– 红外发射角度广

内置超广角的红外发射器，信号覆盖更广。这也是购买和摆放智能遥控器时，需要留意的问题。

安装过程中的两个难点：智能遥控器的 Wi-Fi 连接和传统遥控器的学习。

可以遥控的家电：空调、电视、电视盒子和音响等。

不过，这种微智能只能局限在原本就支持红外遥控的电器。对于不支持遥控的一些电器，可以通过电源的通断去实现控制，那就是下面的电源通断型。

b. 电源通断型

这种微智能的理念是：通过控制电源的通断，去控制电器的开关，从而间接地实现了传统电器的智能化。以贝尔金（Belkin）的 WeMo 智能插座[21]为例。

产品特性：

– 随时随地控制家电

通过插座的 Wi-Fi 网络连接，可以随时随地通过手机去控制家电的通断。

– 更有规划性地使用家电

通过手机上 APP 的定时、延时功能，可以为插座的通断规划好时间表，便于一些规律性的操作。比如每天早晨 7 点 10 分，热水壶会自动开始烧水；再如通过 4 小时的延时功能去为手机充电，可以实现充电保护。

– 掌握家电的使用和能耗情况

可以通过插座监控家电的通断时间和功率，从而做出一些改变生活方式的决定。比如，发现孩子最近看电视比较多，做功课的时间太少，那么就要找孩子聊一聊了。

– 与其他智能产品联动

支持 IFTTT 技术，可以同其他产品产生联动（将在 4.3.1 小节中有更多介绍）。

安装过程中的难点是 Wi-Fi 网络的连接。在选购时，需要注意电器的额定功率。

适用于智能插座的家电设备包括：台灯、落地灯、风扇、烘干机、电热水器、热水壶和面包机等。

不过，这种微智能只能实现设备的"开"和"关"的两种状态，难以提供丰富的功能。对于很多通电之后还需要按一下按键的电器，那就需要下面的机械转换型。

c. 机械转换型

这种微智能的理念是：通过控制一个机械装置的方式，去控制传统电器的开关，从而间接地实现了智能化。以众筹项目开关伴侣（Switchmate）[22] 为例。

产品特性：

– 简易的安装过程

用户拿到产品后，只需要将其贴在原有开关上，并且与手机配对，就可以实现智能控制。像产品介绍中说的那样，分秒钟实现智能照明（"smart lighting in seconds"）。

– 不需要凿墙走线

产品中内置了两节 5 号电池，可以使用 8~12 个月。

– 通过蓝牙与手机连接

产品使用了低功耗蓝牙通信技术，其有效的控制距离是 45 米，可以实现对家中任何位置的控制，但不能进行远程的操作。团队正在考虑其他网络连接方式，以便实现用户在任何有网络的地方，都能控制家中的照明。

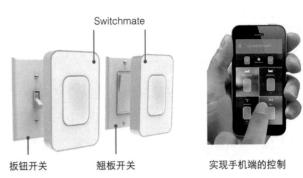

图 4-2　Switchmate 开关（图片来源：www.myswitchmate.com）

这款产品在众筹网站 Indiegogo 上发起众筹后，筹得了 17 万多美元，以341%的成绩达成了众筹目标。科技媒体 TechCrunch 认为，与那些常见的智能灯产品相比，这似乎才是一个正确的智能照明解决方案。《赫芬顿邮报》则认为，该产品的设计简单、有点"圆滑"，但却非常实用。

不过，这只是一种简单讨巧的做法，因为机械装置在动作范围上的局限性，只能适用于北美地区的部分扳钮开关和翘板开关，难以进一步推广。

综上所述，虽然这些微智能的产品，只是借助一些巧妙的方式实现某种程度上的智能，并没有什么革新，但因为其实施成本较低，且不需要更换原有电器，所以对于用户来说，也是一种值得考虑的、尝鲜的选择。

4.2 智能家居的用户中心化

在英国电视剧《黑镜》的第1季第2集"一千五百万"中，男主角生活在一个被屏幕包围的密闭空间里，早晨可以很真实地模拟太阳升起，还可以全方位观看娱乐节目。这看似一种高科技的生活体验，但其实是一种被工具束缚、被科技囚禁的生活。此外，对剧名的另一种解读更值得警惕，片名中的"镜"正隐射了与人们形影不离的、大大小小的屏幕：智能手机、平板电脑、显示器、电视。看来所有人都处身在"黑镜"中。

随着厂商对智能家居的广泛宣传，"某某设备将成为智能家居控制中心"的说法此起彼伏。但有一个问题值得思考：人们是否愿意形影不离地携带着一个设备，并且每天都花费大量的时间盯着一个屏幕呢？

4.2.1 设备去中心化

当以某种设备为中心时，就难免会增加其交互复杂度，也会束缚用户的生活。

a. 设备中心化的交互复杂度

设备的中心化，意味着其交互上存在着难以承受之重。网关基于其有利的位置，可以作为其他设备网络的入口。手机或者电视机基于其丰富的交互方式，可以作为其他设备的配置中心，完成所有基本的设置。但当把这些设备作为智能家居的控制中心时，就大大增加了其交互复杂度。

根据拉里·泰斯勒在 1984 年提出复杂度守恒定律（Law of conservation of complexity，也称为泰斯勒定律），在交互设计领域，每个应用程序都有其固有的、无法简化或隐藏的复杂度，不能按照我们的意愿去削减，必须在产品的设计、开发环节和用户的交互环节之间进行调整和平衡。所以，每个"控制中心"都面临着软件项目的开发量和用户的学习与适应两者之间的权衡。

可能一名优秀的产品经理，可以把业务逻辑梳理得清晰、把操作流程尽量简化；可能一名出色的交互设计师，可以把体验做得流畅、让用户很易于上手。但在若干次优化之后，终究还是会遇到瓶颈。

此外，从抗灾性的角度出发，控制中心成为关键中枢，整个系统都对其有着巨大的依赖性。例如，家中的网络中断或者手机没电时，都会面临着无法控制其他智能设备的窘境，而这种不合常理的逻辑，更不应该出现在智能家居时代。

b. 设备中心化对生活的束缚

随着科技对生活的改变，也衍生出一些网络词汇。"onlineness"是一个值得思考的新词汇，这个词由 online 和 loneliness 合成，表示对网络有着重度的依赖性（长时间保持在线，对网上的任何新消息都会及时做出反应），却又变得越来越孤独，甚至影响到正常生活的节奏。

根据 Adrian 和 Hakim 对宁静技术（Calm Technology）的介绍[23]，"系统中的物品不会争相吸引你的注意，而是随时准备在你决定关注它们的时候，提供便利的功能和有用的信息。"所以，一个人性化的智能设备，通常是安静的，是不需要被人们关注的，更不会打扰到日常生活。而让用户以一个设备为中心的逻辑，更是违背传统生活的。

有一部名叫《Look up》的微电影[24]，以号召人们"放下手机、回到生活"为主题，发布后便迅速传遍了全世界的社交网络。其中的几句很有启发性。

抬起你看手机的眼

轻触锁屏那个键

接纳你的咫尺身边

珍惜利用这每一天

look up from your phone

shut down the display

take in your surroundings

and make the most of today

原本已经碎片化的时间，正被形影不离的手机无情地切割着。让我们再回顾一下物联网的本质：可以实现任何地点、任何时间、任何设备的连接（anywhere、anytime、anything）。那么，物联网所带来的将是从"设备中心化"向"设备泛中心化"的转变。

4.2.2 设备泛中心化

在物联网技术被产业界广泛谈及的同时，"普适计算"（Ubiquitous Computing，简称 Ubicomp）的概念则早已在学术界讨论了多年。普适计算，强调了环境和计算的融合性，一方面计算机会从人们的视野中消失，另一方面普通的设备也具备了一定的计算能力。于是，人们可以在任何时间、任何地点、通过任何设备去获取和处理信息。

普适计算，让计算能力和资源变得更加民主化。"聪明"的设备越来越多，便促成了设备泛中心化。于是在智能家居中，手机并非是不可替代的，下面的触屏控制器和智能音箱都展现了一定的实力。

替代品 1：Quirky 的 Wink Relay 触屏控制器 [25]

产品简介：

这是一款触屏控制器，包括一块 4.3 英寸的触摸显示屏，并附带了两个物理开关。显示屏是实体化的 Wink 应用，可以控制所有接入到 Wink 系统的设备。两个物理开关，也可以配置成某种设备的操作。此外还配置了麦克风和扬声器，可以实现对讲机功能。

对智能家居的控制：

Wink 是一个强大的智能家居系统，支持上百款智能家居产品，其中包括飞利浦、通用电气、Honeywell 等。例如，可以通过 Wink 在 iOS 或者安卓上的应用，去开启飞利浦的灯，或者调节 Honeywell 的恒温器。

与手机对比：

Wink Relay 有着与智能手机一样的触摸屏，并且借助于 Wink 对多款智能家居的整合，会使用户对多种设备的操作体验更加流畅。虽然其只能固定在墙上，但在进门和出门两种情形下，用户已经可以摆脱手机上的操作。

替代品 2：亚马逊的 Echo 智能音箱 [26]

产品简介：

这款黑色的圆柱形音箱，通过 Wi-Fi 与亚马逊自家的 AWS（Amazon Web Services）云服务相连，变身成一个聪明的大脑。用户可以呼叫 "Alexa" 或者 "Amazon" 以唤醒 Echo，然后便可以通过语言交流，查询天气、新闻、路况信息、音乐等可以在网上获取的信息；它还可以像生活助理一样，设置闹钟、添加购物清单、编写备忘录等。借助于强大的云端技术，Echo 具有优秀的学习能力，随着用户的使用，Echo 会更加适应用户的语音模式、常用词汇和个人偏好。

作为音箱，Echo 的顶部配置了 7 个麦克风，并且可以识别整个房间每个方向传来的声音。此外，还支持通过蓝牙与手机相连，并且提供了在 iOS 和安卓平台下的免费 APP。

对智能家居的控制：

已经支持对贝尔金的 WeMo 插座、墙面开关和飞利浦的 Hue 智能灯的控制，可以便捷地通过语音实现很多基本操作。

与手机对比：

虽然 Echo 没有显示屏，但语音的交互方式解放了用户的双手，可以更好地享受生活。例如，当我们做饭的时候，可以用语音查询菜谱。另外，Echo 的语音唤醒方式，也比掏出手机解锁要便捷很多。

当然 Echo 不像手机那么便携，但放置在客厅或者卧室，已经可以应对足够多的生活情景了。相信随着更多智能设备的接入，Echo 会是一个不错的智能家居的"大脑"。

当然，智能家居作为一个新兴的行业，还没有太完善的设备泛中心化的实例，但苹果的跨设备整合则是一个很好的类比。随着手机操作系统 iOS 和电脑操作系统 Mac OS 的更新，苹果的系列产品将表现出更强的操作连贯性。例如，我们可以把 iPad 上的新闻"滑到"电脑上查看，可以在电脑上接电话，可以从一台设备上开始写邮件却在另一台设备写完并发送。

正如 Macworld 的编辑 Serenity 说的那样，通过连贯性的整合，苹果正在打造一个符合未来需求的新框架：每一个设备，不论是当前的还是正在设想中的，都可以在它应该出现的地方，发挥其最大的价值（"With Continuity, Apple is building a framework for the future: a place where each of its devices, current and hypothetical, can exist in its own space, doing what it does best." ）[27]。

苹果的布局，让我们相信"计算"的未来是更加自由的，不会受到文件大小、处理速度、屏幕大小或者是否便携的限制。进一步讲，用户对设备的控制也是自由的，可以在家中任何位置完成相应的操作。

综上所述，智能家居的设备是去中心化的，用户不会被某个设备所束缚，也是泛中心化的，用户可以通过更多的设备连接智能生活。而追根究底，智能家居是以用户为中心，用户不需要随身携带什么设备，随时随地都可以便捷地完成一些操作。

在科技媒体 GigaOM 的物联网报告中 [28]，也提到了："在进入这种高度连接的未来时，需要把'人'自身摆在首要位置，要谨记之所以发展这些物联技术都是为了服务人类，而不能本末倒置。"所以，以用户为中心的智能家居，才是一个由人做主的时代。

4.3 丰富的产品联动

智能家居中的各种产品通过底层的技术，已经实现了"联"的步骤，接下来的"动"才是出彩的时刻。第三方工具 IFTTT 促成了不同产品间的联动，开放数据的接入也丰富了产品的功能。

4.3.1 IFTTT

提到联动，IFTTT 绝对是典范。IFTTT 是 "if this then that" 的缩写，字面意思是：如果这样，那么那样。可以简单地理解为：如果一件事情发生了，那么就会触发另一件事情。IFTTT 作为第三方工具，促成了很多跨产品、跨服务的控制。目前已经可以支持 160 多种产品或服务的联动，如 Gmail、微博、iOS 消息、Nest 和 Jawbone 手环等。

如图 4-3 所示，开发者可以利用不同产品提供的 API（应用程序接口），创建一些配方（Recipe），以供普通用户去选择使用。这些开发者往往都是技术爱好者，一方面根据个人需求对一些功能进行了二次开发，另一方面又把这些功能分享给普通用户。这是一种集体智慧的体现，也能有效地解决用户需求的定制化和标准化的矛盾。总之，开发者和 IFTTT 之类的第三方平台应该得到更多的支持，因为这股第三方的力量，极大地促进了行业的互联互通。

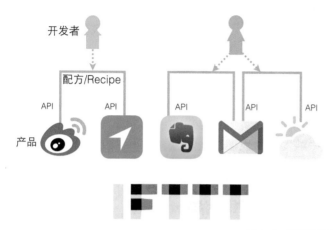

图 4-3　IFTTT 平台的构成

作为一个新鲜事物，IFTTT 一直在努力地教育市场，甚至需要从自己的名字开始教起，它一般会被人们念做 "if-t-t-t"，而最地道的念法是念做没有 "g" 的 "gift"（IFTTT is pronounced like "gift" without the "g"）[29]。

或许就像 IFTTT 的名字一样，被人们记住并接受还需要一段时间。IFTTT 也及时地重构了产品，推出了三款简单的应用：Do Button、Do Camera 和 Do Note，用户只需要在手机上点击一下，便可触发预先设定的按钮功能、相机功能或笔记。在苹果新推出的 Apple Watch 上，也能发现 Do Buttom 和 Do Note 应用，因为这很符合快捷操作的理念。此外，原有的产品联动功能也被转移到了新应用 IF 下面。从 "IFTTT" 到 "IF" 的转变，也体现了其走进大众市场的决心，而并不只局限在技术爱好者的小圈子内。

在 IFTTT 的年度盘点[30]中，总结了一些物联网相关的联动，都很好地诠释了产品联动的理念：

a. 用灯的开关，控制插座的通断

这是由 Belkin 提供的联动方案，长按 WeMo 灯的开关，可以控制 WeMo 插座（在 4.1.3 小节中介绍过）的通断。根据 IFTTT 的统计，已经有近 600 人在使用这一方案。传统的操作是掏出手机去控制插座，这样做过于繁琐；联动方案则在灯的开关上增加了一个控制点。此外，开关的长按功能，也是传统思维的一个突破。

b. 温度变化，空调会自动打开

这是由 Quirky 提供的联动方案，当温度超出用户设定值时，空调会自动打开，而温度信息是借助于 Yahoo! Weather 提供的当地气温。当然触发条件也可以是降温、日出、日落。这个方案体现了开放数据与智能设备的联动，会在下一节有更多介绍。

c. 监测到烟雾，会通知邻居

当烟雾探测器 Nest 监测到烟雾时，会短信通知你的邻居，以便及时采取措施。至于为什么是"通知邻居"：可能你不在家，而邻居可以更快速地查看问题。可能确实是火灾，而且用户无法自救，那么邻居可以及时报警。当然这一方案是基于邻里之间互帮互助的社区环境。这个方案也说明了智能家居的提醒方式可以是多种多样的。

d. 发动车时，家的大门会自动锁上

当你在家中发动车时，智能驾驶助理 Automatic 会向 SmartThings 的门锁发送指令，家的大门会自动锁上；同理，当开车到家熄火时，大门也会自动解锁。这个方案体现了车联网和智能家居的联动。

与 IFTTT 在国外的风靡相比，国内的产品和服务对其支持还非常有限。对这种联动协议的支持，从技术方面来讲，需要提供一个开放的、规范的 API；从商业方面来讲，则需要一个专注的态度做好自己的产品，和一个开放的心态去联合其他产品。

4.3.2 开放数据

开放数据（Open Data）是指一些经过处理与授权的、可以开放给

大众的数据。其初衷与"开放源代码"类似，都是为了让更多的人受益于信息的开放。例如 1.1 情景实例中的天气状况、路况信息，都可以通过开放数据去实现。因此，开放数据的接入，可以让产品的联动更加丰富。

伦敦交通局（Transport for London，以下简称 TfL）的开放数据[31]，是一个值得参考的例子。TfL 把大量的公共交通数据开放出来，鼓励程序开发者在自己的软件或者服务中调用这些数据源，进而产生一些创新性的用法。

至今，TfL 的开放数据平台已经吸引了超过 5000 名注册开发者，涉及上百款应用程序，惠及上百万名活跃用户。开放数据所涵盖的信息也是非常全面的，包括地铁、公交、火车、渡轮、公共自行车、交通卡等。开发者可以通过 API 方式及时获取数据，或者定期查看更新的数据摘要和一些常规的统计数据。

对于开放这些数据的目的，TfL 的解释也很有启发性。

– 这些数据是公共数据，其所有权属于大众，所以应该开放。

– 可以便于任何需要了解出行信息的人，在任何时间、任何地点、通过任何方式都能得到相应的信息。

– 开放数据可以促进科技公司、中小企业的发展，为伦敦和其他地区创造更多的就业机会和社会价值。

– 通过在数据上协助上千名开发者的项目，TfL 也参与到了大众创新的浪潮中。

如图 4-4 所示，乘客们可以在公交站牌清楚地了解到公交车的信息。而借助于 TfL 的开放数据，这些信息可以很容易地被"搬到"家里：例如玄关处的墙面开关、智能猫眼的展示屏、智能更衣镜，都可以很恰当地展示用户关注的公共交通信息。

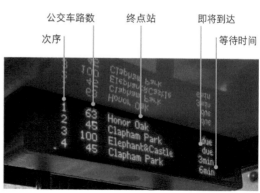

图 4-4　伦敦公交站牌的提示信息（图片来源：TfL）

4.4 生动的应用情景

情景，顾名思义就是在一个特定的情形下，不同设备的不同运行
方式构成的一种场景。在如今产品的营销介绍中，那种刻板的去
罗列产品功能的方式正在被抛弃，取而代之的是应用情景的讲述。
用户听了情景之后，就像听了故事一样，容易产生很强的代入感。
此外，对于厂商来说，这也是以用户需求为中心的体现。

4.4.1 情景时代的新思维

对于传统的家电设备，用户习惯了每个开关、每个按键只能控制
一个设备的操作思维。而对于智能设备，"情景"可以控制多个
设备，产品之间还可以互相联动，所以需要培养用户基于情景的
操作思维，习惯每次操作去触发更多的设备。

以图 4-5 为例，在功能时代，每个传统开关只能控制与该路相连
的灯。随着智能手机的普及，人们都熟知对于一个图标或按键，
会有多种可行的操作：短按、长按、双按、滑动等。智能开关也
借鉴了这种思想，支持短按和长按两种操作。于是在情景时代，
开关的短按仍然代表之前的操作功能（这体现了对传统用户体验
的延续），而长按则可以触发其绑定的情景。例如，长按左键，
会触发"睡前情景"：全家的灯将渐渐熄灭，空调、新风系统变
得安静，门窗也进入了布防状态。所以，以前一系列的繁琐操作，
都可以集成到一起，实现一键触发。

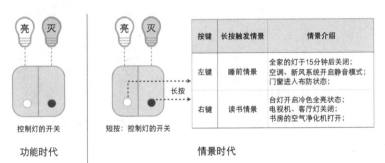

按键	长按触发情景	情景介绍
左键	睡前情景	全家的灯于15分钟后关闭；空调、新风系统开启静音模式；门窗进入布防状态；
右键	读书情景	台灯开启冷色全亮状态；电视机、客厅灯关闭；书房的空气净化机打开；

控制灯的开关

功能时代

短按：控制灯的开关

情景时代

图 4-5　情景时代操作方式的拓展

总之，在功能时代，每个开关、每个按钮只能做一件事情，而在情景时代，每一键都可以触发无限的功能。对于智能家居产品来说，可以通过预置情景和推荐情景的方式，去引导用户接受这种新思维。

预置情景，是基于用户的设备构成去推荐一些常见的情景。可以根据设备的常用功能去推荐，也可以从现有用户群体的设置中提炼。例如，厂商常通过社交网络去征集用户故事，一方面是网络营销上的策略，另一方面也是在学习忠实用户的使用方法。

推荐情景，则需要经过一个学习周期后，把用户的一些连贯操作绑定在一个情景中。如图 4-6 所示，在过去的 5 天中，用户在每天回家后都会习惯性地做一些操作：打开客厅灯、打开空调、打开电视。当第 6 天用户回家时，可以向其推荐"回家情景"，其中空调温度会由前 5 天的平均值决定，电视则使用用户最常看的频道。另外，像启动洗衣机、打开音箱之类的操作具有偶然性，所以并没有放入推荐情景中。当然，用户也可以对推荐的情景做一些编辑，而且用户的编辑操作将是一种最好的反馈。

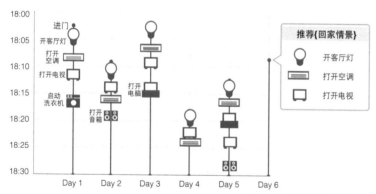

图 4-6　推荐情景的学习过程

4.4.2 按情景的变化分类

最简单的一种情景分类，就是按照其变化：有的情景是很简单的、一成不变的，有的则会随着时间而变化。通常，情景的变化方式取决于产品本身的功能特性。

a. 静态情景

静态情景是最常见的一种情景，系统只需要记录各种设备的运行状态，而情景的开始和结束都由用户去触发。

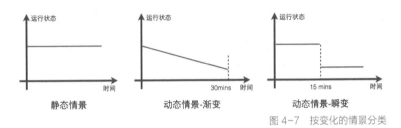

图 4-7　按变化的情景分类

b. 动态情景

动态情景，可以理解为两个静态情景间的切换，可以是时间触发切换，或者其他条件。根据情景切换的速度，又分为两种：

i. 渐变

设备在两种状态之间，平缓地过渡；通常需要给定一个时间段，来完成切换。

渐变给人一种缓和的感觉，就像一曲乐终的时候乐声是渐渐消失的，不会有突兀感。例如在睡前，人们希望灯光慢慢地灭去；在夜里开灯，也希望灯光逐渐地亮起。此外，渐变也常出现在对室温的控制上，缓和的温差不会让用户着凉，也利于节能。

ii. 瞬变

设备在两种状态间，瞬间完成切换，通常需要给定一个时间点，去触发切换。

瞬变能够迅速地完成场景的转换，以便马上进入新的状态。例如，当人们在书桌前坐下时，会希望灯光马上亮起，以便进入阅读的状态。此外，因为状态的瞬变易于觉察，也可以作为一种提醒方式。例如，和日程表关联后，休闲区的灯突然变亮，代表着运动时间到了。

4.4.3 按情景的触发方式分类

参照 Dennis 对自动化控制的见解[32]，情景还可以按照触发方式分为：时间触发、需求触发和事件触发。

a. 基于时间触发（Time based）

就像为情景添加了一个定时器，情景也有了时间观念。以时间为触发条件又可以进一步分为两种。

i. 时间长度

即在给定的一段时间后，会触发情景。例如，每天都按计划运动30分钟，那么到时后，音箱会变换音乐风格或者自动关闭。再如，用户晚上回家后，玄关处的灯在 1 分钟后自动熄灭；用完卫生间2 分钟后，通风扇会自动关闭。

ii. 时间点

即在固定的时间点，会触发情景。可以用来养成有规律的生活习惯。例如，每个工作日的早晨7点,热水壶都会准时开始烧水;再如，每周六的晚上 8 点，电视都会自动开启，提醒用户收看某档电视节目。

b. 基于需求触发（Need based）

通过识别到环境的变化，而触发的情景。例如，室内气温较低时，空调会自动打开；再如，室内空气较差时，空气净化器会开启。

c. 基于事件触发（Event based）

类似于上一节介绍的产品联动，用户的某些操作会触发其他的情景；可以是预先设定的，可以是突发的。例如，下班回家，门被打开的同时，会触发灯的亮起。

综上所述，为了加深对应用情景的理解，以上两种分类方式介绍了最基本的模型。而在实际生活中，应用情景通常是由多种方式组合而成的，但也能拆解为一些最基本的模型。模型虽然简单，但是拆解的过程，往往能为情景的构思拓宽思路。

如图 4-8 展示了一些早间的应用情景，从情景的触发方式来看，既有基于时间的"整点新闻"，也有基于需求的"室温过低"和"浅度睡眠"，还有基于事件的"起床联动""发动汽车"和"离家联动"。从情景的变化来看，既有电视打开、全家布防等静态的情景，也有空调制暖、音乐声渐起等动态渐变情景，还有豆浆机工作并保温的动态瞬变情景。

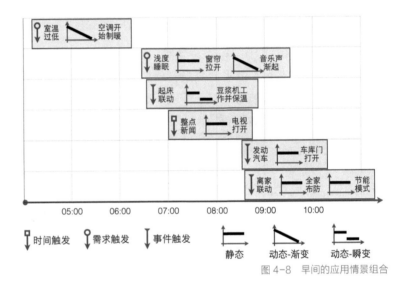

图 4-8 早间的应用情景组合

【本章小结】

技术的内核加上体验的外表，便构成了一个产品的整体。本章首先介绍了在智能化的变革中，产品将经历的智能化阶段。然后，阐述了好的智能家居产品是以用户为中心的，不会束缚用户，而只是在需要的时候服务用户。此外，产品之间的联动和丰富的应用情景都是智能产品的拿手好戏。

在下一章中，更多产品即将登场，让我们进一步了解由技术和体验结合而成的产品。

第 5 章

粉墨登场
——智能家居产品实例

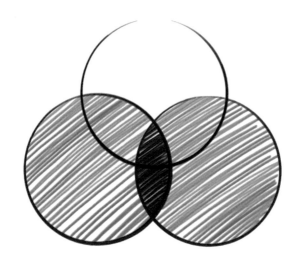

【本章引语】

《悲惨世界》（Les Misérables）是法国作家维克多·雨果的著名小说，根据其改编的同名音乐剧和电影被搬上舞台和银幕后，更是广受世人的欢迎。这是雨果打造出的一个生态圈，其中每个角色的人物形象都很完整，并演绎着自己的故事，所涉及的话题更是丰富：爱情、亲情、正义、政治、道德等。因此，每名观众都能很容易地产生共鸣，并跟随剧中的人物去体验那段爱恨情仇。

其实，智能家居很像《悲惨世界》这样一个生态圈：每款智能家居产品都有着不同的性能，也在生活中扮演着不同的角色。日常生活中的需求，则像是剧中的话题，连接着一个个的角色。对于用户来说，总能找到一些与自己生活契合的"话题"，并与一些"角色"产生共鸣。当然最大的不同是，智能家居登场后，所上演的是一个幸福的世界。

为了有条理地介绍智能家居产品，本章按功能将其划分为六大系统。如图 5-1 所示，照明系统基于其广泛分布和高频使用的特点，可以有效配合其他系统，营造出相应的氛围；安防系统则像是一个城堡，忠诚地保卫着家的安全；环境与能源管理系统则管理着家中的空气和温度，并且优化着能源消耗。此外，日常起居类系统、厨房与餐饮系统、娱乐与休闲系统都在不同方面丰富着生活。而且 6 大系统还可以互相联动，共同构建出一个完整的、幸福的智能生活。

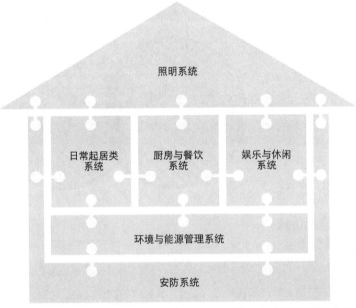

图 5-1　智能家居系统的构成

在每个系统的介绍中，会选取几个产品作为代表。针对一些有特色的产品，还会给出更详细的介绍：首先会概括产品的一些特性，然后会列举智能化所带来的产品功能，其次还会从产品联动和应用情景的角度去进一步阐述。

5.1 照明系统

照明系统作为第一大产品系统是当之无愧的，因为其在家中的分

布最为广泛、使用频率最高,而且是日常生活中的刚性需求。此外,
还可以与其他产品产生联动,通过调节光线营造出相应的氛围。
具体来讲,本节将先介绍灯这种最为普及的电器,然后介绍开关
这种用于控制灯的设备。

5.1.1 灯

灯作为一种高度普及的电器,从 "楼上楼下,电灯电话" 的时代起,
就走进了千家万户的日常生活。因而,灯可以作为智能家居的一
个入口,逐渐引导人们接受生活智能化的变革。

a. 产品特性

光是生活中无处不在的重要元素,那么灯则继承了这种分布广、使
用频繁、需求强的特性。比如,家中每个房间都少不了灯,甚至有
多种样式的灯:吊灯、吸顶灯、射灯、灯带、台灯和落地灯等。在
晚上或者在光照不足的房间里,灯会有效地改善环境。而且开灯关
灯已经成为一种生活中的习惯,人们不需要思考便可以完成操作。

b. 智能化功能

– 高效节能

随着近些年厂商对市场的宣传教育,消费者普遍都知道 LED 灯高
效节能的特点。大多数的智能灯都会选用 LED 灯珠,所以智能灯
也具有节能的特点。此外,一些智能化的照明管理更进一步节省
了照明开支。例如,定时开关灯功能,可以避免白天开灯造成资
源浪费。

– 丰富的照明效果

因为每个灯珠的亮度可以进行细微的调节,所以不同颜色的灯珠
可以组合出丰富的灯光效果。例如,常听到的 "可支持 1600 万
种颜色",其实这一数值的计算方法与本书开头提到的 RGB 三原
色有关:每种颜色可以分为 256 阶,所以三原色可以组合出 256
的三次方,即 16777216 种颜色。但是因为人的眼睛是远远辨识

不出来那么多颜色的，所以这种说法更多的是一种噱头。

根据应用情景的不同，灯光效果的变换可以营造出更适宜的氛围。例如，一个智能灯可以轻易地调节出适宜读书时的冷色光和适宜吃饭时的暖色光。

对于彩色灯来说，还可以根据个人偏好，创造出动感炫酷的效果，为节日庆祝或家中派对增添色彩。但彩色灯是否适合家用，仍是一个值得讨论的问题，因为家应该是一个安静的、自然的空间，而且五颜六色的效果在失去新鲜感后，便很容易被遗忘。

－ "聪明"的灯

智能化的灯，是有时间观念的。所以可以作为起床"闹钟"，用灯光把人们唤醒，而且与被闹钟吵醒的突兀相比，这种方式要自然得多。其次在夜间起床开灯时，灯会以夜灯的模式微微亮起，不会太刺眼又能起到照明作用，更不会影响到家人的睡眠。

此外，灯被接入到了智能化网络中，可以灵活地组合在一起。像"区域控制"的概念，就是对一个区域的灯进行集中控制。例如，对于一个三层别墅来说，可以便捷地关闭一楼和二楼的所有灯，这便简化了很多操作。

c. 产品联动和应用情景

由于灯有着分布广泛的特性，所以可以与很多设备在不同的情景中产生联动。

在回家情景中，可以与门磁联动：当推开门的一瞬间，灯会亮起，从而解决了进门后摸黑开灯的问题。

在白天，可以与窗帘联动：当用户拉开窗帘，室内亮着的灯可以自动关闭，起到节能的效果；当用户拉上窗帘，室内的光线则需要灯光来补充，那么灯会自动亮起。

5.1.2 开关

作为灯的控制设备，开关同样在人们的日常生活中发挥着重要作用。具体来讲，开关可分为两种：延续传统安装方式和操作习惯的墙面开关，以及智能化时代新兴的无线开关。

作为一种新兴设备，无线开关具有不用走线、不用充电、可移动操作的特性。该设备的主要初衷是解决人们控制设备时对手机的依赖，目前市场上有两种代表产品：

飞利浦的 Hue Tap 无线开关，采用了 EnOcean 能量收集技术，用户通过按压开关可以产生电能去控制灯，所以这款开关不需要电池。不过该发电装置仅支持 50000 次按压，所以在耐用性方面有些不足。此外，这款开关上包括 1 个主键用于配置最常用的情景，以及 3 个小按键可以配置其他情景。

幻腾智能的 Stick N Press 随心开关，内置了一枚纽扣电池，基于其超低功耗技术，使用周期长达 5 年。随心开关最多可以配置 4 种情景，以便支持不同的使用需求。此外，用户可以将开关贴在任何地方，达到控制上触手可及的效果。

飞利浦 Hue Tap　　　　　幻腾智能 Stick N Press

图 5-2　智能无线开关（图片来源：飞利浦和幻腾智能）

a. 产品特性

开关是用户操作的输入端，接到用户指令后会控制与其匹配的灯，以完成整个操作。作为介于用户和灯之间的设备，开关同样具有分布广、使用频繁、需求强等特性。此外，墙面开关是一种持续通电的设备，可以发挥更多的作用，如日常信息的查询、网络通信信号的转发等。

b. 智能化功能

- 更强大的控制能力

通过安装墙面开关，可以把传统的灯接入到智能网络中，从而实现智能化。如果全家都安装了智能开关，便可体会到其强大的控制能力：出门前，可以在玄关处按一键把全家的灯都关闭；睡觉前，可以在床头把卧室和客厅的灯都关闭。总之，对于智能化设备的控制，将更加灵活，不再受房间的限制。

- 移动化控制

由于墙面开关的安装需要凿墙走线，且不能移动，所以操作方式
也较为局限。而无线开关通过配置，可以实现移动化的控制。

此外，无线开关还可以简化装修时的走线环节。如图 5-3 所示，
对比了实施单开双控时，传统方案和智能方案的差别。单开双
控，即每个开关上各有 1 个按键，且每条线路中有 2 个开关可以
控制灯。该方案可实现照明的多处控制，常用于卧室、楼梯、走
廊等。对于传统方案，需要多次走线，并且要预先规划好开关的
位置，而对于智能方案，只需要在一端进行简单的走线，另一端
采用无线开关，这样简化了繁琐的装修过程，并且具有更大的灵
活性。

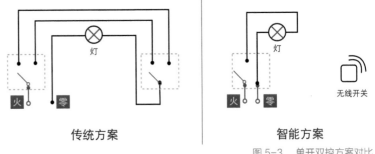

传统方案 　 智能方案

图 5-3　单开双控方案对比

- 手机上的虚拟化控制

如之前的介绍，用手机控制智能设备已经成为一项基本功能，上
述功能也都可以在手机上完成。此外，用户还可以在任何手机有
网络的地方控制家里的灯。例如出差在外时，可以偶尔开一下家
里的灯，造成一种家中有人的假象，避免被小偷惦记着。

- 查询端与控制器

基于墙面开关具有持续通电的特性，可以把其做成一种信息的查
询端或者控制器，安置在玄关或者卧室等常用区域。例如幻腾智
能的 Pixel Pro 墙面开关，除了进行灯的开关操作，还可以查询
天气、限号信息等。再如 4.2 节中介绍的 Quirky Wink Relay 触屏

控制器，可以控制全家的智能产品。

c. 产品联动和应用情景

作为用户操作的输入项，开关可以去控制更多的设备，进而取代那些必须通过手机去完成的操作。例如 4.3 节中介绍的 WeMo 灯的开关对 WeMo 插座的控制，就是一种对传统思维的突破。

此外，如 4.4 节中对情景的介绍，开关还可以利用其丰富的操作方式，如长按和短按等，去触发一些情景。

5.2 安防系统

安防系统具有极高的实用价值，不论何时、不论用户身在何地，它都像一名忠诚的保镖，为用户看家护院。因为这类产品可以极大地改善家的安全问题，所以用户的购买意愿也比较强烈，而且在安装配置过程中也愿意去花费一些精力。

具体来讲，本节选取了 4 种安防系列的产品，如图 5-4 所示：用于监测门窗闭合状态的门窗磁，用于安防第一线的门锁，用于实时状况查看和历史视频记录的安防摄像头，用于局部区域运动监测的红外感应。

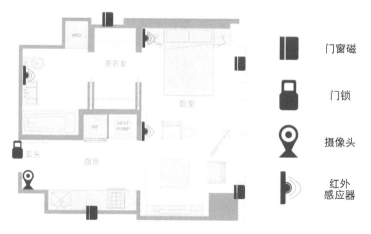

图 5-4　安防系统的产品分布图

5.2.1 门窗磁

门窗磁通常由主体和从体两个部分构成，通常只需要把两个部分安置在门和门框（或者窗和窗框）上，即可实现对门窗闭合状态的监控。

a.门窗磁的安装　　　　b.APP查看状态　　c.状态异常提醒

图 5-5　智能门窗磁（图片来源：幻腾智能）

a.　产品特性

门窗磁的结构简单，且易于安装与应用，所以是初级的智能安防产品。不过对于使用 Wi-Fi 协议的门窗磁，安装时还需要进行一定的连网设置。

b.　智能化功能

－ 监测门窗闭合状态

通过把门窗磁粘贴在门窗上，实现了门窗闭合状态的监测。进而可以通过手机 APP 查看当前的门窗闭合状态（见图 5-5b），以及详细的门窗开关日志。而且，这种查看操作可以远程进行，便可以缓解一些顾虑，例如不确定家中是否关窗时可以及时查看。此外，还可以避免忘记关门的现象,例如当门磁被打开超过3分钟时，会提醒用户注意关门。

－ 触发异常提醒

当用户出门时，可以进行全家布防。在布防状态下，当门窗被打开时，用户会收到异常提醒（见图 5-5c），以便尽快采取措施。常见提醒方式包括：短信、APP 推送、电话等。

c. 产品联动和应用情景

如之前的介绍，在回家情景中，与灯产生联动，推开门时灯便自动亮起。

在安防状态异常时，与安防摄像头联动：收到异常提醒后，可以通过门窗磁的开关记录，快速定位并查看门窗被异常打开前的录像，以便于第一时间了解家中情况。

5.2.2 门锁

门锁位于安防的第一线，直接关系到家的安全，而智能门锁可以提供更丰富、更安全的开锁方式。相关产品还包括智能猫眼、智能门铃等，可以实现对讲、视频连线、拍照功能，部分产品还能支持红外夜视。

a. 产品特性

作为安防第一线的产品，需要具有极高的安全性、稳定性，并且需要兼容传统生活习惯。以 August 智能门锁为例，其使用了 4 节 5 号电池，所以即使家中停电，也不会影响开关门。网络通信方面，其采用了蓝牙通信技术，所以不会受家中网络的影响。

图 5-6　August 智能门锁（图片来源 august.com）

b. 智能化功能

– 用手机开门

通过蓝牙技术，当识别到用户的手机临近时便会自动解锁，不必再掏出钥匙去开锁。

– 更安全可靠

传统的钥匙有丢失或者被偷配的风险，密码钥匙则容易被偷窥到，而基于手机的虚拟钥匙则不能被复制，还可以查看门的开关记录，这都大大增加了其安全性。此外，详细的开关记录可以精确到具体的用户，这更是传统钥匙做不到的。基于这个功能特性，此类产品在办公室等公共区域也有很高的使用价值。

– 灵活的权限管理

虚拟钥匙在权限管理上更加灵活，可以为家庭成员配置永久的钥匙，也可以为清洁人员配置临时钥匙，还可以为前来参加聚会的朋友分发短期钥匙。虚拟钥匙的获取也很便捷，都是通过网络完成的。

c. 产品联动和应用情景

门锁像门磁一样，在回家和离家情景中，可以与灯产生联动，实现灯的自动开关。还可以与恒温器联动，在用户出门后，家中的空调等设备便可以自动进入节能状态。

5.2.3 安防摄像头

安防摄像头延续了传统摄像头的视频记录功能，并通过连网把视频传输到网络云中，以便于实时状况和历史记录的查看与管理。

a. 产品特性

通过连接网络，用户可以实时查看家中状况，当然这也对家中网络的带宽有了一定的要求。将数据存储到网络云中，以便于对历史视频进行查看，但也会耗费一定的网络存储空间。作为安防摄像头，对视频记录的清晰度和夜间拍摄能力也有一定的要求。此外，需要提前规划好摄像头的位置，以便在装修时预留好电源线。

b. 智能化功能

– 查看实时状况

可以远程查看家中的实时状况，并可以通过摄像头上的麦克风进行通话。

– 查看历史记录

可以查看历史记录，还原当时的情景，比如用于犯罪信息取证。

– 识别异常并触发提醒

用户可以在视频画面中指定某个区域并布防，当该区域内有物体运动时，便会及时发出通知。此外，摄像头可以只在有物体运动时才进行录像，这将有利于减少带宽和对网络存储空间的消耗。

c. 产品联动和应用情景

如之前的介绍，在安防状态异常时，可以与门窗磁产生联动，快捷查看历史记录。还可以与恒温器产生联动，当用户把恒温器的状态设为"离家"时，摄像头也会自动进入布防状态，省去了繁琐的操作。

5.2.4 红外感应器

红外感应器是基于红外线反射的原理，去触发一些操作，而不再是通过周围的声音去判断。例如感应水龙头、自动干手机等，都采用了类似的技术。而且，它可以有效补充家里一些重点区域的安防监控。对红外感应器进行布防操作后，如果有人进入了监测区域，会及时触发提醒。

除了安防用途，红外感应器还是一种触发装置，可以触发一些情景。例如，当监测到储藏室或者更衣室有人时，灯会自动亮起。

而且这种感应更加灵敏，不会像传统声控灯一样，需要跺脚之类
的愚蠢操作才能触发。真正做到了人来灯亮、人走灯灭的自动
控制。

5.3 环境与能源管理系统

空气和温度是环境的决定性因素，环境管理系统便在家中有效地
管理着这两者。同时，因为该系统的能耗较高，所以整个过程也
与家中的能源管理密不可分。

具体来讲，本节将先以 Nest 的两款明星产品为例，讲解一下恒温
器和空气探测器，然后将介绍一些环境优化设备。

5.3.1 恒温器

恒温器通过对家中温度的监测，并向空调等设备发出指令，从而
管理着家中的温度。自 2014 年初 Google 收购了 Nest 后，Nest
的两款环境管理系列的产品也就成为行业标杆。其中 Nest 恒温器
（Nest Thermostat）除了支持远程手机遥控以外，还可以对用户
的生活习惯进行自主学习，然后通过对空调等设备的控制，可以
有效地改善家中环境，同时控制能源的消耗。

a. 产品特性

通过对室内环境的检测和对空调等设备的控制，形成了优化环境
的闭环。常被安装于重要的生活区域的墙上，且一直通电，因此
可以与其他智能产品产生丰富的联动，甚至起到控制中心的角色。

b. 智能化功能

– 学习用户习惯

省去了复杂的用户设置过程，恒温器会通过对用户偏好温度的学
习，自动调节家中温度。还可以根据用户的日常行为和是否在家，

自动减少不必要的能源消耗。此外，可以识别到用户即将到家，提前开启温度的调节功能。

- 节能环保

除了上述基于用户习惯的自动控制，还可以根据用电峰值和季节因素，去自动调节温度，从而进一步节约能耗。用户还可以通过系统反馈，了解到降低温度可以节省的开支。此外，系统会按月提供一份能耗报告，并给出一些生活上的建议。

c. 产品联动和应用情景

如上所述，可以在离家情景中，与门锁、车库门等产生联动，自动切换到节能模式；在回家情景中，可以与智能汽车联动，感知到用户即将到家，以便提前开启温度调节功能。

在日常生活中，还能与健康类设备联动，如用户身体状态不好时，可以适当调节室温。这些情景，都充分体现了科技对生活的关怀。

5.3.2 空气探测器

空气探测器，可以监测家中的空气质量，并控制空气净化器等设备去改善环境，而且支持手机上的远程控制和异常提醒。通常空气探测器会和恒温器整合在一起，更全面地监测环境。有时，也会有一些针对特殊需求的功能，例如刚家装完的用户，会很在乎家中的甲醛含量，那么带有甲醛监测模块的设备就可以有效解决这个问题。下面将以 Nest 空气探测器（Nest Protect）为例，去介绍更多功能。

a. 产品特性

与恒温器相比，空气探测器可以避免生活中的一些气体中毒事故，保障生活环境的安全性，所以其需求度更为强烈。在我国，随着生活水平的改善和安全意识的不断提高，类似的空气探测器也会更加普及。

b. 智能化功能

– 更人性化的异常提醒

比起传统警报器那刺耳的警报声，探测器会用易于理解的语言告知所发生的异常，并给出下一步的建议，这对于慌乱中的人们来说非常关键。例如，当探测到厨房里有烤焦的食物时，会提醒用户及时处理，而不是尽快从家中撤出；当探测到室内一氧化碳浓度过高时，会提醒用户及时离开房屋，而不是赶往污染区域查看情况。当然这种人性化的提醒，大大增加了对硬件和智能系统的要求。

c. 产品联动和应用情景

当空气出现异常时，可以和恒温器、空调等设备产生联动，进一步查看或解决问题。例如，当空气探测器发现异常时，可以通过恒温器去关闭壁炉，因为壁炉可能是异常气体的源头。

基于探测器的广泛分布，其还有夜灯的附加功能，当用户夜间起床时，探测器会短时间亮起，避免了用户摸黑行走的问题。对此功能，用户还可以针对不同的产品型号，在 APP 上进行一定的设置。

此外还有一种可行的情景，如果家中空气异常而用户又没有留意到异常提醒，在用户试图开门时，门锁可以用拒绝打开的方式再一次给出提醒，尽最大可能去保护用户。总之，在这种情况下，用户的安全是最关键的考量，而家中设备间的联动则大大增加了安全性。

5.3.3 环境优化设备

在识别到家中温度需要调节或者空气质量异常后，便需要环境优化设备去做出改善。这些设备包括：空调、空气净化器、新风系统、电扇、地暖系统等。其中部分设备的功能有些重合，常需要用户根据实际需求去组合使用。

a. 产品特性

此类设备，通过改变温度或增加空气的流动去改善环境，可以为室内提供足够的氧气，有效减少有害气体、有害微颗粒、细菌等。设备可以由用户直接控制，也可以由恒温器或空气探测器控制，是环境优化的执行器。同时，也具有高能耗的特性。

b. 智能化功能

- 灵活的控制方式

用 APP 替代了传统的遥控器，可以实现远程查看和遥控。根据用户智能手机的定位功能，当离家时关闭空调，并在回家前提前打开空调。

- 更强的计划性

通过学习用户每天的作息规律，在需要时自动打开空调，并调整到适合的温度。在用户设置了一个开支预算后，会及时提醒使用设备所造成的费用是否过高，以达到有计划性的节能。

- 丰富的工作模式

针对不同的生活情景，可以提供多种调温模式和风速的组合。

c. 产品联动和应用情景

可以与恒温器和空气探测器产生联动，当达到某环境条件时，会自动触发工作。

在回家情景中，与用户的地理位置产生联动，可以提前开始工作，为用户进家时提供一个良好的环境。

在娱乐休闲情景中，具有香薰功能的空气净化器，可以与电视联动。例如，观看大自然之类的节目时，可以挥发出一些草香的味道，同时智能氛围灯可以配合一些绿色光效，从视觉、嗅觉、听觉多个角度，共同营造一种丰富的娱乐氛围。

5.4 日常起居类系统

除了对光、空气、温度等环境元素的日常需求外，还有很多日常生活中会用到的家居产品，在此归入到日常起居类系统。该类系统具有很高的实用性和用户黏度，也是传统家居产品的一种延续。

具体来讲，本节将从单品使用时间最久的产品——床的介绍开始，然后会介绍窗帘、洗衣机、热水器等产品，最后还会介绍一种照看宠物的产品。总的来看，可能这些产品的智能化程度依然有限，但却足以为生活品质带来很大的提升。

5.4.1 床

即使与重度使用的智能手机相比，床也是使用时间最长久的产品了。人每天大约有三分之一的时间，都会由这个产品相伴。这里是最安静的、用于恢复元气的地方，也是最传统的、没有太多科技介入的地方。

Dual zone temperature
双区域温控

Sleep tracking
睡眠质量监测

Smart alarm
智能闹钟

Auto learning
自动学习

Mobile controlled
手机控制

Smart home integration
智能家居联动

下面将以正在众筹的 Luna 智能床垫[33]为例，介绍床的智能化方案。这款产品，通过几个与睡眠需求相契合的功能点，展示了传统家居用品的智能化思路。通过众筹，该项目已经得到了超过 5000 人的支持，筹款达 110 多万美元。拓展来讲，这里的一些智能化思路，也可以被沙发等传统家居用品所借鉴。

图 5-7　Luna 智能床垫（图片来源：lunasleep.com）

a. 产品特性

作为一款传统的家居产品，床具有使用时间长的特点，而且需要保持环境的安静与舒适。另外，比起可穿戴设备需要用户刻意去佩戴，床可以更自然地去获取很多信息，因此科技在这里可以创造出更多的惊喜。

b. 智能化功能

– 提前暖床功能

床会通过对用户作息规律的学习，预先调节好温度，等待用户睡下。用户也可以通过手机遥控，在晚归的路上远程调节温度，到家时便可以尽快地、舒适地入睡。

– 监测睡眠状况，优化床的状态

在用户睡觉的过程中，床可以用最自然的方式去监测用户的一些指标：心率、呼吸频率、睡眠状况等，而不用用户佩戴任何设备。根据一段时间的学习，可以针对床垫左右两边分别调温，用最舒适的温度去陪伴用户的睡眠。

– 舒适的唤醒功能

通过对用户睡眠状况的监测，在用户浅睡时将其自然唤醒，也因此保证了用户一天的精神状态。如 3.3.1 小节中提到的 Sleep Cycle 应用，也是通过类似的原理，提供了舒适的唤醒功能。

c. 产品联动和应用情景

在睡觉情景中，当用户睡下时，门窗都会进入布防状态，电视会自动关闭，灯也会慢慢暗去。

在夜间起床时，床会与夜灯联动，夜灯会缓缓亮起。

再如本书开头的情景实例中的介绍，在起床情景中，可以与窗帘、电热水壶产生联动。

5.4.2 窗帘

窗帘可以调节室内的自然光照，也会影响到室内温度，还能起到保护隐私的作用。如图 5-8 所示，窗帘智能化以后，便可以用手机 APP 通过产品云去调控。根据窗帘的细分，不同类型的窗帘也具有不同的遮光效果：如纱帘可以保持高效的透光率，百叶帘通过角度的调节去控制进光率。而且窗帘的智能化，不但省去了拉窗帘的人工操作，还可以创造更多的应用情景。

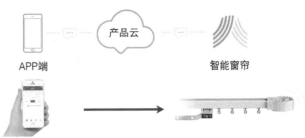

图 5-8　智能窗帘

可以与室内的活动去联动，例如中午打开电视时，考虑到阳光照晒的问题，客厅的窗帘会自动调节以减少光照。

还可以综合考虑时间、季节、城市地理位置、天气等因素，去实现窗帘的自动控制。例如夏天时，合理的调控窗帘能避免室内温度过高，减少制冷的能源消耗；而冬天时，可以尽量增加室内光照量，以降低取暖的能耗。

此外，对传统操作习惯的兼容上，也需要做到即使在停电或者断网的情况下，用户依然可以开关窗帘。

5.4.3 洗衣机

洗衣机的智能化，更多地体现在产品自身技术的提升上。诸如洗衣机可以提供非常丰富的洗涤模式，以针对更多个性化的需求。这种模式的区别体现在水温、漂洗时长、漂洗次数、甩干转速等方面的差异上。让用户从 20 多种模式中去选择的话，难免造成一些思考上的负担。似乎原本简单的洗衣机，在加了屏幕以后，变成了复印机一样让人有距离感。另外，在引入触摸屏等科技产品的同时，也需要考虑到防水的特点，这算是基于产品原有特性的一种考虑。

其实这种智能还差一步，或许未来的洗衣机可以自动分析衣物，并推荐一种洗涤模式。针对识别衣物的问题，有一种思路是为每件衣服加上一个 RH 射频卡，但这似乎让整个过程更复杂了。当然，智能洗衣机已经做到了根据衣物重量，结合安装的浊度传感器，去决定水量、洗涤时间、洗涤强度，也可以自动添加适量的洗涤液、柔顺剂等。

扩展来说，这种添加洗涤液的技术可以供电饭煲学习。因为真正的智能是不需要预先计划的，绝对不是每天出门前就把水和米添加好，然后回家前进行遥控，而是用户突然想吃米饭了，就可以远程控制电饭煲自己加水加米并烧饭。

在与其他设备的连接方面，智能洗衣机介绍了一种用手机控制洗衣的功能。虽然其实际意义值得思考，但在洗完之后若能及时给出提醒，确实比较有价值。或者当用户取衣物时，会及时提醒有遗漏的衣物，都是简单而实用的功能。

此外，在国外还非常流行烘干机，也可以与洗衣机结合展开智能化洗衣的探讨。当然，国内烘干机在普及度上的悬殊，也体现了文化的差异。

5.4.4 热水器

热水器的智能化，主要是解决某个时间达到一定温度的控制，以保证有足够的热水可以使用。这里也可以借助对用户习惯的学习，提前开始烧水，并且设定好一个目标温度。其背后的逻辑，是对足够热水量和控制能耗两者的权衡。

此外，如4.1.3小节中介绍的，其智能也可以通过智能插座这种"微智能"的方式去实现。

5.4.5 智能喂猫器

宠物作为家庭生活的一部分，也可以享受到智能家居的舒适与便利。以众筹项目 Catfi[34] 为例，就创造了一款带有猫脸识别功能的喂猫器。

如图 5-9a 所示，当猫吃食时，摄像头会捕捉到猫的影像，并根据已有档案去做身份匹配，或者提醒用户去创建一个新的档案。同时，猫的全身都会踩在体重计上，这便获取了猫的体重信息。

在猫离开后，喂猫器会计算出猫的进食量和饮水量。从此，就像人类的量化生活一样，宠物也可以做一只量化的猫。

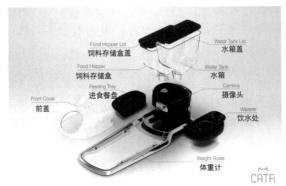

a.喂猫器构造　　　　　　　　　　　　b.健康信息

图 5-9　智能喂猫器（图片来源：catfi.com）

在与手机的连接方面，用户可以通过手机 APP 远程查看正在吃食的猫，也可以与好友分享你的爱猫。当健康状况有异常时，会通过手机提醒及时地通知主人。此外，还可以查看猫的一些饮食数据和健康分析报告。这款产品充分地体现了科技对宠物的关怀。

5.4.6 其他日常起居类产品

智能镜子，也是一款重要的日常家居产品。常常在用户照镜子的时候，把一些信息在镜子内嵌的屏幕里呈献给用户。比如天气预报或者新闻资讯，都可以帮用户丰富洗漱或者化妆的时间。智能试衣镜也是基于相似的原理，不过需要一个强大的智能系统，根据天气和用户喜好，去推荐穿着搭配。

椅子，和床有一些共性：用户长时间坐立使用，且不希望被打扰。以众筹项目 Zami[35] 为例，同样展现了一些智能化的思路。就像床决定了睡眠质量一样，椅子可以决定一个人的坐姿，甚至影响到其工作效率。Zami 就从坐姿入手，利用位于椅子 4 个腿部的压力传感器采集数据，通过蓝牙将数据传输到手机应用中，便可以对数据进行分析和利用了。例如，若用户长时间坐立，应用可以提醒用户需要活动一下身体；再如，用户可以查看累计坐立的时间和坐姿情况。即使是一把安静的椅子，也可以聪明地感知到很多生活中的细节。拓展来讲，这种智能化的思路也可以给沙发带来一些启发。

扫地机器人是一种日渐普及的智能设备，其具有强大的自主能力。它会学习房屋布局，并机敏地绕开障碍物，也具有防跌落的功能，在没电时还会自己返回充电。在吸尘方面，也有着极高的清洁度。但因为其有着机器人的性质，且系统比较独立，所以往往不会被归入到智能家居领域中。

不过，扫地机器人这种灵活运动的特点，可以为未来的智能家居控制中心带来一些启发。或许会有一个助理一样的机器人跟随着用户，去协助管理家中的所有设备。

5.5 厨房与餐饮系统

民以食为天，所以解决这一需求的厨房与餐饮系统也有着广泛的群体和刚性的需求。但是作为文化因素最强的一个系统，该系统在智能化的同时，更需要注意传统习惯的延续。

具体来讲，将先从专注于水这一元素的产品——电水壶和水杯讲起，然后将介绍食物的保管者——电冰箱，最后是厨具类设备。

5.5.1 电水壶和水杯

水是生命之源，对于人们的生活来说，其需求度与光和空气一样重要。所以围绕这个生活元素的电水壶和水杯，也在探索着一些智能化的功能。

智能电水壶，可以通过连网，实现有计划性地自动烧水，也可以通过手机预约烧水。此外，针对用户喝茶时的一些讲究，可以选择相应的模式以达到对水温的精准控制。

对于智能水杯，以 Smart Mug 水杯为例，可以感知水的温度，并通过杯壁上的 LED 灯去展示温度，从而提醒用户在合适的温度去饮用。特别在用户饮茶或者喝咖啡时，需要对温度有个掌握，这样可以增强口感，同时避免烫伤。此外，这款水杯无需电池，它配备有一个将热能转化为电能的模块，可以为温度传感器和 LED 灯供电。其他的智能水杯，还能有效提醒用户饮水，以保证每天健康的饮水量。

总之，对于饮水这个问题，智能化的程度还比较有限，智能化的需求也需要更多的探索。

5.5.2 电冰箱

在宜家预想的 2025 年的厨房里，是没有电冰箱的。因为一方面，冰箱的存在是食物新鲜度上的一种损失；另一方面，便捷的生鲜物流系统，将及时地满足人们的需求。这虽然只是一种畅想，但却体现了电冰箱的两大功能：食物的保鲜和对食材的管理。

对于食物的保鲜，可以通过智能的温度控制和保质期的提醒去实现。对于食材的管理，有的智能电冰箱会通过图像识别技术，去识别出各种食材及其数量，并且在手机 APP 中罗列出来。此外，还可以结合健康类智能产品，向用户推荐一些搭配方案，或者给出饮食建议。进一步讲，电冰箱能和生鲜电商更好地整合，可以自动生成订单，并且有着更精确、更便捷的保质期管理。

5.5.3 厨具类设备

厨具类设备是文化门槛最高的智能家居产品，因为它与传统的饮食习惯息息相关。具体来讲，包括锅、电饭煲、烤箱等产品。其智能化功能主要体现在 3 个方面。

- 降低烹饪难度

厨具具备了更强的感知能力，那么原本高深复杂的食谱，通过智能化的引导和烹饪中的量化，就变成了按部就班的一个过程，用户只需要随着引导去操作。总之，技术极大地简化了烹饪的复杂度。而且厨具与手机连接后，可以对用户的烹饪状态进行实时监控，这大大避免了烤焦等意外情况的发生。

– 引入社交元素

社交元素的引入增添了烹饪过程的趣味性。例如食谱的分享，烘培爱好者之间的交流，或者烘培过程和成果的分享，都丰富了烹饪这件事情，也增加了产品的用户黏度。

– 引入电商元素

电商元素的引入对商业模式是一种启发。例如，用户可以结合手机 APP 中推荐的食谱，去一键购买原材料。于是，厨具变成了一种销售渠道。随着食品相关产业链的整合，智能厨具不但可以拓宽业务范围，还能形成一些商业模式上的创新。

除了以上几种厨具类产品，如 5.3 节中对环境管理系统的介绍，厨房的排风扇或者抽油烟机也很重要，而且可以和空气探测器产生一定的联动。此外，在厨房中使用智能水表和漏水感应器等设备，都能有效地帮助用户节约用水，并且及时发现管道漏水等问题。

5.6 娱乐与休闲系统

娱乐与休闲是生活中的亮点，可以帮助人类有效地放松心情、缓解压力。像电视、音箱、游戏设备之类的产品，往往也是新鲜的技术最先介入生活的地方，所以这一系统永远不乏创意。

具体来讲，本节将首先介绍客厅的中心产品——电视，然后是专注于生活中的声音元素的产品——音箱，随后将介绍运动与健康类设备。

5.6.1 电视

电视是客厅的中心，也是家中娱乐生活的重心。具体来讲，包括电视机和电视盒子等产品。

a. 产品特性

电视位于客厅的中心，用户每天都会多次经过电视，并且有较长时间的停留。基于其大面积的屏幕和用户操作遥控器的普遍技能，电视可以发挥智能家居设置中心或控制中心的作用。

b. 智能化功能

– 主动获取信息

面对传统的电视，用户只能被动地接收信息。而从互联网时代起，随着信息渠道的丰富和信息量的剧增，用户更倾向于主动查找并获取信息。对此，电视可以做到及时提醒用户收看所关注的节目，或者提前下载用户喜欢的影片。

– 设置与控制中心的角色

电视是客厅的中心，而客厅是家的中心，从而电视有着中心位置的地理优势。此外，电视还具有丰富的操作界面和用户使用习惯。所以电视可以成为智能家居产品的配置中心，通过屏幕和遥控器进行一些常用设置。也可以在一些情景中，扮演智能家居控制中心的角色，例如用户晚上看电视时，可以直接在电视屏幕上调整灯光亮度、开启空调等。

c. 产品联动和应用情景

如之前的介绍，在娱乐情景中，与灯和香薰机等联动，营造出更丰富的氛围。

当有人敲门时，通过与智能门铃的联动，可直接在电视屏幕上，通过画中画的形式查看门外的情况，省去了专门的查看操作。

5.6.2 音箱

声音也是生活中的一大元素，而音箱则专注于此。在智能化的过程中，每个音箱设备都变得更加"聪明"，而且分布也更加广泛。

音箱的智能化，主要体现在其背后的智能系统里。像 4.2 节中介绍的亚马逊智能音箱，背后就是一个基于亚马逊云平台的聪明的"大脑"。与传统音箱的单向信息输出有所不同，智能音箱还可以通过内置麦克风，获取用户的需求，与用户产生更丰富的交互。

在设备的分布上，通过吸顶喇叭之类的形式，可以更广泛地遍布全家。这样当用户在看电视时，即使中间去了一趟洗手间或厨房，也不会错过太多精彩内容。

基于音箱背后的智能系统和广泛分布的特性，这也为智能家居的控制提供了一种思路，用户可以摆脱掉对手机的依赖，自由地在家中的每个区域通过语音去控制设备。

5.6.3 运动与健康设备

运动与健康设备，可以提供与健康相关的功能，并且通过对数据的整合，更全面地改进生活质量。具体来讲，运动设备包括跑步机、动感单车等，而健康设备包括健康秤、血压仪、心电仪等。

运动设备通过智能化的升级，可以更加精确地获取到运动数据，并同步到产品云端。还可以通过与环境优化设备联动，自动切换到运动情景，在运动时伴随着动感的音乐，享受到更新鲜的空气和室温。

健康设备通过智能化的升级，可以获取到用户更加全面的身体数据，如体重、体脂、基础代谢率等。与以前那些生硬的指标数据不同，健康设备可以通过综合评分的形式让用户更加易懂。此外，还可以丰富一些生活情景，例如和起床闹钟联动，用户只有站在秤上，才能关闭闹钟，这也有效地解决了用户意志力差、起床难的问题。

运动设备像是一种执行器，完成着运动目标；健康设备像是一种感应器，监测着用户的身体状况。所以两者可以进一步整合，形成一种信息的闭环。例如之前介绍的苹果自带应用"健康"，便提供了这样的信息整合平台。用户可以通过这一平台，查看各种健康趋势，并获取运动建议。

此外，社交元素的引入，创造了一个互动社区，增加了运动的乐趣。例如，好友可以在自己家中共同完成一些运动目标，并通过数据的分享，互相监督。而且，这种附加的社交属性，也增强了产品的用户黏性。

5.6.4 游戏设备

游戏设备包括游戏机、游戏手柄、麦克风等。虽然与其他智能产品的联动比较有限，但一些新鲜的科技往往都是通过游戏设备被大众熟知的，所以游戏设备在扮演着教育市场的重要角色。例如，体感游戏中的一些操作方式，或许将来会被迁移到更多的设备交互中。毕竟人们在娱乐的过程中，更乐于去学习一些新鲜技术，而且通过游戏可以进一步强化这种操作技能。

【本章小结】

本章针对生活的方方面面，详细地列举了各种智能家居产品。对于一些代表性产品，先后分析了产品特性、智能化功能和具体应用情景中的产品联动。

虽然标题中用到了"粉墨登场"这样一个带有些贬义色彩的词，但也体现了对当前智能家居产品需求的思考：很多产品所表述的需求有些牵强，并没有为生活带来实质性的改变。不过，相信市场和时间会证明每一个需求的真伪。而下一章，将进一步分析用户群体的构成和用户需求。

第 6 章

座无虚席
——智能家居的用户分析

【本章引语】

在西班牙的巴塞罗那，有一家名叫 Teatreneu Club 的喜剧剧场。观众在入场时，不需要交付任何的费用。入座后，每名观众的面前都放置了一台平板电脑，它们可以通过面部识别技术，计算观众在整场演出中发笑的次数。演出结束后，会按照每次笑 0.3 欧元的价格收取门票，由此形成了 PPL（"Pay-Per-Laugh"）的收费模式[36]。采用了这种别出心裁的定价策略后，剧场的观众数增加了 35%，平均票价也增长了约 6 欧元。对于观众们来说，也可以更加投入地享受演出，并只为自己的实际体验而买单。

这个案例也是值得智能家居行业思考的：首先，要努力扩大用户群体，鼓励用户去尝试新鲜事物，然后，要抓住用户的使用动机，允许用户只为自己的体验付费。只有在座无虚席的同时，也能笑声满堂才是一场成功的演出。

6.1 用户推广的鸿沟模型

针对用户接受新技术的过程，Rogers 在《创新的扩散》（Diffusion of Innovations）一书中提出了技术接受生命周期曲线（Technology Adoption Lifecycle Curve）。如图 6-1 所示，一项新技术的推广需要经历 5 个阶段，对应的群体分别如下所述。

－ 创新者，热衷于追随新技术，喜欢尝鲜，受过良好的教育，乐于接受新鲜事物。

－ 早期使用者，懂得欣赏新技术的优点，并应用在自己的业务需求上，通常是意见领袖、有远见的人。

－ 早期大众，在等待和观察新技术的评价后，才决定去尝试，通常是一些深思熟虑的实用主义者。

－ 后期大众，在等待新技术非常成熟后，才会开始尝试，通常是略保守的平常百姓。

－ 落后者，在不得已的情况下，才会选择新技术，通常是抵触新鲜事物的人，甚至是怀疑者。

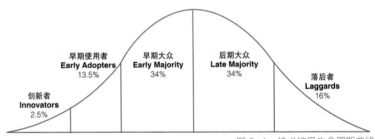

图 6-1　技术接受生命周期曲线

1991 年，Moore 在上述模型的基础上，提出了鸿沟模型（Crossing the Chasm）。模型用于指导处于初始阶段的高科技产品，去开展市场营销，并对科技行业的创业者产生了深远的影响。如图 6-2 所示，Moore 认为，高科技产品在向大众推广的过程中，在经历了创新者和早期使用者的推广后，会遇到一定的断层，就像鸿沟一样阻碍了产品向大众的进一步拓展。

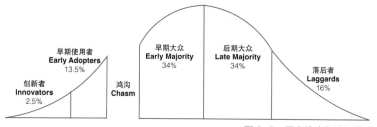

图 6-2　用户推广的鸿沟模型

此外，对于不同阶段的用户，推广时的关注点也应有所不同。例如在早期的推广中，面向创新者和早期使用者，需要以技术为导向去推广，而且可以借助技术爱好者的反馈，进行早期产品的迭代和敏捷开发。而在中后期，面向大众推广时，则需要更加与实际生活需求相结合，同时必须注意市场口碑的维护。

鸿沟模型为新技术的用户推广提出了一个很好的分析框架。在接下来的 6.2.1 小节中，将基于鸿沟模型，从群体的层面去分析用户的构成。此外在 6.3 节中，还将衍生出一个用户需求模型，从个体的层面去分析用户的感性和理性需求。

6.2　用户群体构成分析

智能家居是一场老少皆宜的大戏，不同的群体、不同的房屋规模、不同的装修阶段，都可以去使用。本节将从产品的推广顺序、房屋规模和装修阶段三个方面，去分析智能家居用户的构成。此外，对于一些特殊的群体，智能家居也能给出独特的关怀。

6.2.1　根据产品的推广顺序分类

基于鸿沟模型，根据产品的推广顺序，可以将用户简单地分为技术爱好者和普通大众两种类型。因为智能家居是可以走进千家万户的产品，所以他们都是目标群体。

技术爱好者，也就是鸿沟模型中的创新者和早期使用者，常为酷炫的技术而着迷，愿意花时间和精力去琢磨产品的细节。而普通大众，则更在乎产品的实用价值，不愿意去思考背后的原理。

同时，在产品个性化的追求上，技术爱好者和普通大众有着很大的差别。技术爱好者因为有着一定的技术背景，喜欢根据自己的需求去定制一些功能，比如会乐此不疲地编辑规则、去设置很多智能产品的联动。而普通大众则喜欢少一些选择与思考的困惑，直接使用一些预置好的功能，并畏惧一些定制化的操作。

如图 6-3 所示，以门窗磁触发的情景为例，技术爱好者会根据时间和家中有无人的状态，去决定触发的情景，而普通大众则偏向于简单的一键设置。所以，在设计一款产品的功能时，也需要权衡好定制化和标准化两者的比重。

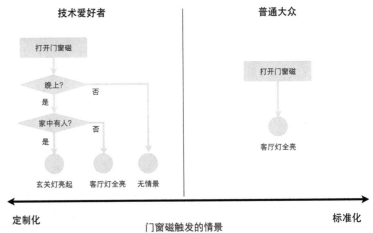

图 6-3　技术爱好者和普通大众的区别

在一款新产品的开发中，常常采用"种子用户"的方式：通过招募一些技术爱好者作为种子用户，根据他们的反馈和实际使用情况，对早期的产品进行不断的优化，把一些常用的定制化功能变得标准化，便可以有效地权衡好两个群体的需求。

此外，在产品推广的过程中，技术爱好者的使用意见往往会影响到普通大众的选择，而且要避免产品被贴上"技术高深"的标签，否则在推广时会产生鸿沟，让大众望而却步。而跨越鸿沟的方法便是教育市场，像一些产品试用、产品测评网站都是一种市场的教育者。打一个比方，曾经的海淀图书街在更名为中关村创业大街后，如何让人们尽快熟悉呢？一方面先教育创业者，因为他们是最直接的受众群体，另一方面可以去教育出租车司机，利用他们的传播力去普及新的名称。

跨越鸿沟的另一种方法是在品牌的包装上更加平民化。例如，IFTTT 的产品重构，简化为 IF 和 DO 两种产品，也有走出技术爱好者的圈子、扩大其用户群体的用意。再如，线下体验店的建立，也能让科技产品走到人们的身边。总之，需要放下专家的姿态，尝试着走近普通大众的生活。

6.2.2 根据房屋规模分类

用户的房屋规模，往往意味着购买能力和对生活品质的追求。在这里，根据房屋的大小把用户简单地分为两类：普通用户和高端用户。

如图 6-4 所示，对于高端用户，其房屋面积大，所需要的智能设备和情景数量也较多。于是，他们更在乎控制设备的效率，希望在穿梭于不同房间时可以保持操作的连贯性。例如，音乐声可以伴随其在家中的位置，而定向跟随式地播放。而对于应用情景来说，则被分散在了不同的房间，每个房间也都有着固定的用途。

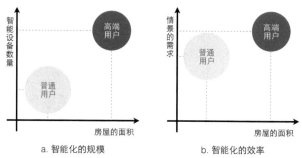

图 6-4　根据房屋规模的用户分类

对于普通用户，其房屋面积有限，所需要的设备也较少，但一些生活中的情景需求依然存在。于是，他们更注重在有限的空间内，去实现更多的智能化情景，也就是对智能化的效率有着更高的追求。例如，用户会很在乎情景的变换，由于卧室也承担着书房、休息区等功能，那么可以通过光线的调节，在同一个房间内营造出不同的氛围。

综上所述，由于两个群体的需求侧重点不同，产品中需要解决的难点也不同，便造成了在设计控制中心时的差异。对于高端用户，需要注意设备的收纳功能，并为常用设备或常用情景设置快捷方式；对于普通用户，需要提高情景切换的效率，而设备的收纳功能变得不是那么重要。

总之，这就像是两种不同的剧目：一场是连贯的一镜到底，穿梭于不同空间，做着不同的事情，传达着丰富多采的生活；一场是皮影戏，在同一块幕布上，演绎着精彩的生活，简约但不乏惊喜。

6.2.3 根据装修阶段分类

用户所处的装修阶段不同，也会造成很大的群体差异。作为日常用户，往往只会在小范围内更新家居设备；而作为家装用户，则会广泛考虑这个问题，有时甚至是系统级的购买。所以，两种群体的购买力和对价格的承受度，都有着天壤之别。

对价格的感知，可以借用著名的埃冰斯幻觉。如图 6-5 所示，位于中心的两个圆其实是等大的，但在不同背景的衬托下，人们会有不一样的心理感觉。对于日常用户来说，智能家居的价格往往比日常开销要贵一些，所以在购买前会产生犹豫。而对于家装用户来说，在其他几项巨额开支的衬托下，对价格的态度变得不是那么敏感。

此外，根据产品不同的安装复杂度，也有着不同的适合介入的时间点。像墙面开关、新风系统之类的产品，在安装过程中需要凿墙走线，所以须在装修前就及时介入，做好规划。而像空气净化器、台灯之类的产品，则很灵活，可以在装修完、购买家具的时候再考虑。

综上所述，针对这两种群体，需要规划好产品的组合方式，考虑好定价策略，并选择合适的时间点去介入。

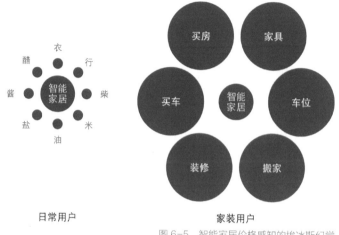

日常用户　　　　　　　　家装用户

图 6-5　智能家居价格感知的埃冰斯幻觉

6.2.4 特殊群体

除了上述 3 种分类方式，还有一个用户群体值得一提，那就是由老人、婴幼儿、残障人士、养宠物者等组成的特殊群体。针对这一群体的产品带有垂直领域的色彩，会专注于一些小的需求点，用轻巧的方式去赢得用户的信赖。

a. 老年人

对于年轻人来说，智能家居往往只是提供了甜点，而没有解决什么生活中的痛点。但随着年龄的增长，一些原本轻而易举的操作会变得不那么方便，这时智能家居便可以像生活助理一样，去解决那些新产生的痛点。

针对老年人这一群体，智能家居产品可以创造出更多的应用情景。例如，利用体重秤和血压仪等健康类设备，子女可以远程查看父母的身体状况，或者私人医生可以远程进行诊断，这样便有效地实现了远程监护。例如，当红外传感器识别到老人在过道或卫生间停留过久时，可以向医护人员或者子女发出提醒，以应对老人跌倒等事故的发生。再如 4.2 中介绍的亚马逊的智能音箱，可以通过语音去查询一些日常信息，从而省去了戴上眼镜、敲打键盘等不方便的操作。

b. 婴幼儿

与老年群体一样，婴幼儿也需要认真的看护。 此外，这一群体在长大的同时，还在不断学习着新鲜事物，而智能家居便可以提供一些伴随婴幼儿成长的功能。

以众筹项目 Quiet Night[37] 为例，就通过一个可以交互的音乐装置，解决宝宝哭闹的问题，让其尽快再次入睡。当宝宝醒来时，因为好奇会去拉动位于床头的把手，这时一段音乐便会响起。如果宝宝松手，音乐则会停止。宝宝会慢慢地发现这个原理，并学会控制装置。

 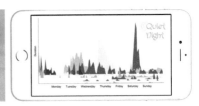

a. 音乐装置　　　　　　b. 装置把手　　　　　　　　c. 装置配套APP

图 6-6　Quiet Night（图片来源：Indiegogo）

装置内置了 125 首精心挑选的歌曲，包括经典乐、原声乐、乐器演奏等种类。作为一款智能的产品，系统会自动学习宝宝的偏好，并推荐喜欢的音乐风格。此外，装置通过蓝牙与手机相连，还可以在 APP 中查看宝宝的学习过程曲线（如图 6-6c 所示），其中还包括对各种音乐类型的喜爱程度。

据介绍，使用这款看似简单的装置，最高可以减少宝宝 50% 的哭闹次数，还起到了一定的早期教育的作用。从众筹的效果来看，在发布后的一个月内，已经得到了 300 多人的支持。可见，即使没有丰富炫酷的功能，只要功能与需求足够契合，也能打动特定群体的心。

c. 残障人士

智能家居不但能为大众带来生活上的便利，还可以为残障人士提供一些生活上的帮助。例如，对于坐在轮椅上的人来说，墙面开关的位置往往过高，而这时可以通过手机去控制灯。再如，一款智能门锁，可以通过手机实现在床上开门的操作，而不必再赶到门前。虽然这些产品没有刻意地为残疾人定制，但却依然为这一群体带来了足够的便利。其实，用户群体的广泛度，更体现了一种科技面前人人平等的思想。引用自媒体人杨明慧的话，"科技应用在这样的领域多一些成就，为这些需要帮助的人提供便利，才是我们真正的进步"[38]。

此外，越来越多的产品也把无障碍操作作为设计产品时的原则。例如，在电视遥控器中引入语音识别技术，将帮助盲人调换频道。再如，在 APP 操作界面中用图标替代文字，也体现了降低阅读门槛的思想。

d. 养宠物者

对于养宠物者，宠物已经成为其生活的一部分，而且宠物独自在家的时间也比较长。对此，智能家居依然体现出了对动物足够的关怀。例如，在 5.4.5 小节中介绍的智能喂猫器，就能便捷地远程查看猫的情况，还能统计分析猫的健康状况与趋势。再如，在 IFTTT 中有一款自动创建遛狗提醒的配方：首先，通过宠物活动监测器 Whistle，可以统计到狗当天的运动量。然后，如果运动量不足的话，就会与主人的日程安排产生联动，一条遛狗的提醒便会自动出现在主人的日程表中。这些有趣的产品，一方面满足了养宠物者的需求，另一方面也体现了科技的公平与博爱。

综上所述，特殊群体的规模可能比较有限，且往往需求较为独特，但确实有一些智能家居产品做到了与特殊需求相契合，从而赢得了这部分市场，同时也体现出了足够的人文关怀。

6.3 用户需求分析

如上所述，智能家居不再是少数群体的专属，而是属于广大用户的。而用户在不同的阶段，会有不同的动机。正是智能家居与某些需求相契合，才促成了用户购买和坚持使用。

而智能家居产品作为一种新鲜事物，用户在心里很难找到可对比、可参照的产品，不能基于理性的分析去做出决定，所以感性因素在用户最初的购买行为中起了决定作用。不过随着对产品的使用，用户对产品的态度从感性变得理性。若产品确实解决了一些问题，用户自然会形成一定的产品依赖度，并继续使用，甚至会推荐给更多人。

6.3.1 感性因素

感性因素是用户在第一次接触到产品时，做出决策的重要因素，也是推广阶段的重点。因为智能家居是一个新事物，用户从以往的经验中找不出一个合适的参照物，所以促成初次购买的主要因素是感性因素。这其中包括新奇效应，炫耀与攀比心理，寻求心理安慰、成就感和科技伴侣的感觉。

a. 新奇效应

就像用户看到一些超出预期的创意时，会发出"哇哦"的赞叹声一样，新奇效应往往能抓住用户的第一印象。其实，这是与自我认知对比后产生的效果，具体又分为两种。

可以想象一下，在安装了智能家居产品后，当亲戚朋友来家中做客时，向其展示一下用手机开灯的功能，他们的反应可能是："哎哟，怎么还能用手机控制灯"，或者是"哦，这就是网上报道的那种智能家居吧"。前者属于看到了超出自己认知的操作，所产生的一种新奇感；后者是和以前粗略了解到的信息做对比，发现曾经听说过的效果，竟然就在眼前，于是带来很大的欣喜。

b. 炫耀与攀比心理

延续上面的例子，其实在整个展示的过程中，用户给自己带来了一点荣耀感，也算是某种程度的炫耀。而当亲戚朋友看到后，觉得也需要体验一下科技产品，便很可能产生了购买的想法，这算是一种攀比心理。其实这两种心理，都是和别人做对比而产生的。此外，这种心理还有很强的社交网络传播效果。

c. 寻求心理安慰

对于有强迫症或者容易焦虑的用户，通过远程查看家中情况，可以起到很强的心理安慰的效果。虽然该群体的用户数量有限，但对于有类似需求的用户，却能解决一个很强的心事，并且容易产生依赖。例如，某天突然下雨，强迫症用户会突然担心是否忘记关窗了，然后这种纠结会被不断地放大。而这时，用户可以通过手机查看家中门窗磁的状态，以确认家中窗户的闭合状况。用户虽然不能直接采取什么措施，但却得到了心理上的安慰。

d. 成就感

通过控制设备进而达成目标而获得的喜悦，通俗地讲是一种很"爽"的感受。例如，手指在手机上轻轻一触，就把全家的灯打开了。通常成就感的强弱，与所控制设备的多少正相关，与操作的复杂度负相关。而且这种微妙的心理变化，往往会随着"便利与舒适"的理性因素而发生。两者很难严格地剥离开讲，但却都是用户在控制欲满足之后所产生的感受。

e. 科技伴侣

在新奇的基础上，智能产品经过拟人化的包装，会更容易让用户动心。例如，社交巨头 Facebook 正在通过其移动应用开发平台 Parse 布局智能家居，用户可以像连接好友一样，去"连接"家中的智能产品。于是，那些原本生硬的产品甚至可能拥有自己的社交页面，这将为产品增添一些社交属性，也会创造一种科技伴侣的感觉。再如，微信智能设备的入口是在服务号里面，与好友在同一个层级。这既赋予了智能产品一些拟人化特征，也引入了社交化的元素。进一步讲，当设备变成"好友"一样存在于人们的生活中时，也将大大增加产品的用户黏性。

6.3.2 理性因素

理性因素，是用户在使用产品的过程中产生的感受，也是运营阶段的重点。诸如新奇之类的感性因素，可以为产品提供一个切入点，但如何在用户的这股热情耗尽时，依然热衷于使用智能产品，考验的就是产品的实力了。很多智能产品只炫酷一时，却早已被压在箱底，但也有很多产品培养了用户的使用习惯，让其变成了用户生活的一部分。那么，促成用户对产品形成依赖甚至再次购买的，就是理性因素。这其中包括便利与舒适、健康、安全、节能环保和生活助理。

a. 便利与舒适

智能产品让一些原本繁琐的操作变得便利，进而提高了生活的舒适度。从早晨醒来时窗帘自动拉开，到出门前自动显示路况信息，从回家时车库门自动打开，到睡前在床头关闭全家的灯，智能产品为用户提供了无数的便利，把用户从繁复的操作中解放出来，自然也培养了用户对产品的依赖。

此外，这种理性因素也是懒人经济的一种体现。首先通过便利的理念去抓住用户的心，然后在实际生活中提供实用性的功能，让用户体会到了科技带来的舒适。

b. 健康

智能产品基于其敏锐的感知力，可以无微不至地守候生活环境，关注着用户的生活习惯。以空气净化器为例，当其觉察到室内的空气质量变差时，会自动开启净化功能。再如之前介绍过的苹果自带应用"健康"，就可以整合各种健康与运动设备的数据。从每天的步数到消耗的热量，从心率到睡眠质量，从体重到饮食数据，都可以汇总到这个应用中。然后可以借助一些健康分析类的应用，去解读数据背后的信息，并根据建议去制订运动计划。

c. 安全

智能产品像一名忠诚的保镖，全天候把守着家，为用户提供了足够的安全感。如门窗磁可以实时显示门窗的开关状态，摄像头可以实时监控家中的动态，红外感应器可以有针对性地监测指定区域。此外，当用户出差时，还可以通过远程开关灯，造成一种家中有人的假象，以防小偷惦记。

d. 节能环保

智能产品基于其有效的能耗管理，可以起到节能环保的效果。虽然购买智能产品会造成一些一次性的开支，但长远讲可以节约很多日常开支。例如，窗帘会根据日照强度适当开启，以保证适宜的室内温度；再如，热水器会根据用户的使用习惯，每次只加热至合理的温度。这些都是通过降低能耗，避免了不必要的开支。此外，智能产品还可以发现用户生活中一些浪费资源的习惯。例如用户长时间不在某一个房间时，空调却一直开启着，这时智能产品可以提醒用户是否自动关闭空调。

e. 生活助理

对于一些特殊群体，由于身体的原因不便于去做一些操作的情况下，智能产品可以像生活助理一样，为其效劳。这也是一种很刚性、很实用的因素。如之前介绍的，行动不便的用户可以通过手机去开门，盲人可以使用具有语音交互功能的遥控器。

6.3.3 跨越决策的鸿沟

结合上述对感性和理性因素的分析，根据之前介绍的用户推广的鸿沟模型，可以衍生出一个用户需求的模型，从个体的层面去分析用户的决策过程。

对于每一个用户，最初接触产品时的感性因素，是推广阶段的重点。像一些线下体验店的建立，都是增加用户产生这种感性因素的方法。随后通过产品的使用而产生的理性因素，则是运营阶段的重点。

如图 6-7 所示，在这两种因素之间，存在一个鸿沟。用户可能从一个智能产品的单品开始尝试，如果能帮其切实解决一些问题，并达到预期，那么他会去尝试更多相关的智能产品，并把这些产品推荐给其他潜在用户。这都是跨越鸿沟之后的红利，而能否跨越鸿沟，则取决于产品的品质和使用过程中对用户的引导。

图 6-7　用户决策过程中的鸿沟

对于产品的品质，就像本书前几章介绍的那样，需要在技术上足够先进，在体验上足够流畅。而对于使用过程中对用户的引导，则取决于用户习惯的养成。

关于用户习惯的养成，有一个著名的 21 天效应，是指在行为心理学中，认为一个人至少需要 21 天，才能形成并巩固好一个新习惯或理念。某款智能电热水壶的返现营销策略，便体现了这种培养习惯的理念。用户在购买电热水壶后，需要及时下载并激活 APP，此后需要每个月至少使用 APP 烧一次水，在一年后，便可以得到全额返现。虽然这个策略有些激进，但却通过众筹得到了上万人的关注，也成功地筹到了近百万元的资金。

此外，用户养成习惯的过程，也是系统进行充分学习的最好时机。如 3.4 中介绍的双向学习的过程，系统可以通过学习用户的使用习惯，形成一些定制化的服务，从而让用户对系统产生依赖，进一步增加用户黏性。

总之，只有成功跨越了从感性到理性的鸿沟，用户才能形成使用习惯，并尝试更多的产品，也会把产品推荐给更多的潜在用户，从而扩大了用户群体。

【本章小结】

获得足够多的用户，并且培养用户的使用习惯，是产品推广和运营中的难题。本章先介绍了用户推广的鸿沟模型；然后，从多个角度分析了用户群体的构成；最后，从感性到理性因素阐述了用户的需求。总之，从群体的角度讲，需要吸引更多的人来使用产品；从个体的角度讲，需要引导用户去养成使用的习惯。

第 7 章

各擅胜场
——智能家居的推广之道

【本章引语】

每年八月，位于苏格兰的爱丁堡都会成为举世瞩目的焦点，一年一度的国际艺术节（Edinburgh International Festival）会为来自世界各地的游客送上一场场激动人心的艺术盛宴。同期，由一些小型表演团体和剧院联合发起的边缘艺术节（Edinburgh Festival Fringe）也同样夺人眼球。此外，还有很多艺人会在剧场外的大街上表演各种绝技，游客们也都听从自己的喜好，或驻足观看，或默默路过。不论是大剧场中的演出，还是街头的杂耍，观众的认可才是唯一的评判标准。总之，正是这些丰富的表演形态，让爱丁堡艺术节享誉世界。

其实，智能家居就像一个艺术节：大公司会凭借其雄厚的资源搭台唱戏，小公司也会用其灵活的技能博得眼球，还有一些企业也间接参与到了这场狂欢中。正是每个参与者发挥着其擅长的技能，并且抱着开放的心态互相协作，才推动着智能家居这个行业的蓬勃发展。

7.1 行业参与者的分布

从智能家居产品方面来看，参与者需要具备非常综合的技能；从用户构成来看，群体非常广泛，与各行各业都有密切的关系。所以随着"智能家居"概念的兴起，各行业的参与者都开始积极地布局。

为了能系统地梳理这些参与者，这里提出了一个行业参与者分布图。对参与者分布图的整理，将有助于直观地了解该行业的各种势力，并进一步梳理推广的方向。根据是否直接向用户提供智能家居产品，可以把其分为直接参与者和间接参与者。

对于直接参与者，如图 7-1 的内环所示，包括 3 个类别：科技公司、传统企业和创业公司。这里的竞争最为激烈，每个类别的公司都充分发挥着自身优势，试图在瓜分市场时抢占更多的份额。

图 7-1　行业参与者分布图

– 科技公司，随着技术的发展和资本的培育，这一类别变得非常广泛，其中包括：互联网公司、手机厂商、社交平台、电商公司等。该类别的公司，基于其科技的基因，善用"互联网思维"，利用商业模式上的大胆创新，让市场为之疯狂，更令竞争对手有所畏惧。

– 传统企业，其中包括：传统家电厂商、传统家居企业等。随着传统产品的日渐成熟，利润也在不断缩减，为了寻求新的增长点，传统企业不得不向智能化转型。基于其完善的生产流程管理、成熟的推广渠道和已有的用户群体，传统企业在这场新的征程中，依然会大有所为。

– 创业公司，专门为这个行业而生，所以处于整个分布图的中央，也容易成为行业的焦点。因为没有传统业务和产品的包袱，更容易创造出适合物联网时代的家居产品，但又需要尽快弥补其在生产流程和推广渠道等方面的短板。

对于间接参与者，如图 7-1 的外环所示，虽然没有直接参与到智能家居的行业竞争当中，却也在间接地影响着行业的发展。根据其与企业和用户的关系，又可以进一步分为 3 种角色：综合角色、企业相关角色和用户相关角色。

— 综合角色，是指与企业和用户都相关的参与者，包括：监管部门、众筹平台、媒体、能源公司和保险公司等。

— 企业相关角色，通过向行业直接参与者提供服务与支持，间接地参与到这场竞争中。这一类别包括：底层技术提供商、网络运营商、风险投资、数据分析服务公司等。

— 用户相关角色，通过把智能家居整合到自身的服务中，从而参与到智能化的竞争中。这一类别包括：房地产商、家装公司、酒店、社区、电影及文学创作行业等。

通过分布图的介绍，可以初步感受到这个行业的蓬勃发展，也对行业参与者有了些初步的认识。在下面的章节中，将逐一介绍这些参与者的推广之道。

7.2 科技公司

科技公司，拥有着先进的技术基因，擅长使用"互联网思维"，通过商业模式上的一些创新，在市场上开疆扩土。随着技术的发展和资本的培育，如今的科技公司都在进行着广泛的布局，并涉足很多行业。因此，这一类别变得非常广泛，在这里按照业务侧重点将其分为四类：互联网公司、手机厂商、社交平台和电商公司。

7.2.1 互联网公司：技术优势

互联网公司基于其先进的技术和雄厚的资金实力，站在智能家居系统的高度去布局市场。其代表性的企业是 Google。

以网络巨头 Google 为例，一方面，利用其开放的平台，让技术爱好者可以定制智能家居系统；另一方面，也在通过一些简单易用的产品，把智能家居生活带进千家万户。

具体来讲,安卓系统中的应用 Google Now,主张"在合适的时间提供适当的信息",可以实时提供路况、天气信息、提醒等服务信息。在用户交互方面,Google Now 不仅可以聆听用户的问题并做出回答,还会很人性化地主动给出提醒。在信息处理方面,更是利用 Google 强大的搜索能力,快速地做出响应。这便满足了一个智能家居控制中心的基本条件。

于是,技术爱好者们便基于 Google Now 的交互和思考能力,通过其他的一些开放 API 接口,去定制化一些智能家居系统级的解决方案。此外,搭载 Android Wear 的智能手表也可以被整合到系统中,便实现了用手表去控制家居产品的便捷操作。

除了上述在智能化深度上的推广,Google 也在广度上向普通大众进行着推广。例如之前介绍的两款 Nest 环境控制产品,以及 Dropcam 安防产品都是在通过较低的使用门槛,向更广泛的用户群体提供着智能化、标准化的服务。此外,对日程管理工具 Timeful 的收购,更是体现了 Google 从推荐数据到推荐行为的转型。这款 APP 应用,通过机器学习和数据分析技术,整合收件箱、日程表等工具的数据,去帮助用户更好地管理日程安排。让用户在追求效率、生产力的同时,也更多地关注生活方式、幸福感等因素。总之,没有工具能比日程安排更了解用户的日常起居了,所以类似工具的整合,可以为布局智能家居提供一个更加强大的控制中心。

此外,"互联网思维"也是常常被提及的、源自互联网公司的一种推广思路。通常是指,通过微创新等方式去进行产品的推广。一方面,通过用户在很多环节的参与,去最大化用户体验,以增强用户的归属感和忠诚度;另一方面,通过整合供应链和销售渠道,去控制成本,以进一步为用户带来实惠。不过与知识经济相比,"互联网思维"更像是一个噱头,而随着各行各业参与到"互联网+"的浪潮中,互联网公司需要做的是通过核心技术去改造、去优化传统实业。

7.2.2 手机厂商:入口优势

基于智能手机的普及,以及其在智能家居中所发挥的控制中心的角色，手机厂商在进军智能家居行业时，有着明显的优势。一方面把控着智能家居的操作入口，另一方面拥有着庞大的用户群体。其代表性的企业是：苹果、小米。

随着"智能就是用手机控制家居产品"的这种观念的传播，手机便成了智能家居的操作入口。而对于手机厂商来说，想利用好这一入口优势，需要在传统家电厂商和用户两个方面都付出努力。

一方面，要搭建一个规范的产品平台，把各种家电厂商的产品都接进来。行业巨头苹果公司为此推出了 HomeKit 框架，在推广过程中也展示出了绝对的主导权：既要求芯片厂商按其标准去设计并生产芯片，又要求家电厂商通过内嵌 SDK 的方式去支持 HomeKit 框架。

另一方面，要为用户提供一个智能家居系统级的操作方案。如 3.2 节中阐述的体验的再整合，手机厂商需要给出一个手机层面的智能家居控制中心。这个控制中心需要包括：各种智能产品的基础控制功能、产品之间的联动设置、常用功能的快捷方式，并且还要考虑到不同用户群体的需求差异、功能的可扩展性等。总之，控制中心的设计将是一个不小的挑战。

另外，基于 4.2 节中阐述的"用户中心化"的理念，手机厂商需要顺应用户需求，在一些场景下允许用户脱离手机去操控系统。其实，这种为了照顾用户体验而做出的让步，将增强用户对整个系统的喜爱，进而放大了入口优势。

7.2.3 社交平台：用户群体优势

基于广泛的用户群体和社交属性，社交平台可以拓展为一种智能家居的平台，去实现各种智能产品和用户之间的连通。其代表性的企业是：Facebook、腾讯。

与手机厂商的做法类似，一方面，要做好平台的规范化，并利用其用户群体优势吸引更多的厂商来加入；另一方面，要给出用户一个智能家居系统级的操作方案，并培养用户的使用习惯。值得一提的是，社交平台的操作方案会受到社交工具本身的影响，不能像手机层面的方案那么便捷，而且需要权衡好与原有社交功能的关系，因此设计的难度更大。

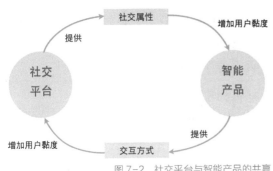

图 7-2 社交平台与智能产品的共赢

此外，如之前的介绍，社交属性的引入可以有效增加产品的用户黏度。而通过与智能产品的整合，社交平台将拥有更多的交互方式，进而也增加了自身的用户黏度。例如，用户可以通过电视或者智能开关去查看好友消息，而不再局限于手机端，这便丰富了交互方式。如图 7-2 所示，这种整合体现了一种双方共赢的思路。

7.2.4 电商公司：渠道优势

电商公司基于其广泛的、成熟的渠道资源，可以有效地把智能家居产品推向大众。毕竟一款产品只有能在市场上站得住脚时，才算是完整的产品。其代表性的企业是：淘宝、京东。

如 6.2 节中对用户群体的介绍，电商公司可以基于其用户的购买历史记录，向科技爱好者之类的潜在用户去推荐一些新鲜的智能产品。对于新上市的产品来说，这将有效地打开推广初期的市场。此外，电商网站的用户评价信息，也将成为更多用户在做出决策时的重要参考。

此外，在物联网时代，将会在电视机、电冰箱、烤箱等产品中引入一些电商属性。如 5.5 节中介绍的电冰箱或烤箱，都具有推荐食材并一键下单的功能。所以，销售出去的智能产品也就变成了一种销售渠道，可以促进用户对相关产品的购买。而且，智能产品的成本计算方式也会发生变化：厂商为了促成用户未来的相关购买行为，会愿意给智能产品进行一些价格补贴。这也使得智能产品在推广过程中，更加具备了价格优势。总之，这是物联网时代的一种商业模式上的创新，既改变着人们的生活方式，也影响着产品的推广思路。

7.3 传统企业

由于传统的家居产品在升级换代和利润率方面都面临着瓶颈，为了寻找新的增长点，传统企业不得进行智能化转型。不过其完善的生产流程管理、成熟的推广渠道和广泛的用户群体，都依然是这场竞争中的优势。具体来说，这个类别的企业包括：传统家电厂商、传统家居企业等。

7.3.1 传统家电厂商：产品功能优势

传统家电厂商可以通过添加智能模块，实现单个产品的智能化。而对于系统级的智能家居产品，则需要与其他厂商展开合作，或者进行更广泛的布局和统一的规划。此外，家电厂商对家电产品的功能有着更深入的理解，并且在生产流程和渠道方面延续了之前的优势，这些都将助其在新一轮的竞争中占有一席之地。

以海尔为例，既延续着其在家电制造中的优势，又广泛与科技公司合作，在这轮智能化的竞争中展示了厂商的推广之道。

在产品的智能化变革方面，海尔通过推出"U+"系列智能产品，打造着围绕洗护、用水、空气、美食、健康、安全、娱乐等多方面的智慧生态圈。在针对各条产品线进行智能化的同时，还注重对 APP 控制功能的整合。

在与手机厂商的合作方面，海尔成为首批接入苹果 HomeKit 平台的中国厂商，便可以借助苹果系统的大脑，去创造更多的应用情景。例如，可以对苹果系统中的 Siri 说"有点冷"，空调就会开始制暖。

在人工智能方面，海尔与微软进行合作，把人工智能机器人小冰引入海尔 U+ 智能家居 APP 中。这一合作，为用户带来了人机交互体验上的提升；而小冰更像是生活助理一样，可以通过"对话"去控制智能产品，从而形成了一种双向沟通。

7.3.2 传统家居企业：用户体验优势

传统家居企业，同样希望通过产品的智能化升级，为用户创造更加舒适的体验，并找到新的增长点。这类企业的传统产品包括：床、家纺、窗帘、沙发等。在为这些原本不用电的产品实施智能化的同时，企业将延续其对用户体验的掌控，保证产品与家的融合度。

此外，传统企业的渠道依然是其市场推广的优势，而且可以通过实体店面，去体验智能产品。这将有助于智能家居在普通群体中的推广，而且用户在体验后产生的感性因素更容易促成购买。而对于传统店面来说，智能产品的展示既可以带来客流量，又能够增加品牌形象中的科技感。

7.4 创业公司

创业公司，为了智能家居这个行业而生，所以位于舞台的正中心，也容易成为行业的焦点。相比其他已有业务和产品的公司，创业公司可以轻装上阵，而且更容易创造出适合物联网时代的家居产品。但其在生产流程和推广渠道方面的不足，却容易制约其发展。

对于大公司来说，在布局智能家居时，往往会基于现有的业务去思考，比如如何与现有产品相结合、如何增值现有的业务等。但在这样的决策过程中，难免会造成用户需求精准度的损失，进而造成产品功能设计上的偏颇。而对于创业公司来说，则没有传统业务的束缚，在设计产品时更容易与用户的需求相契合。当然这种无束缚往往也意味着经验上的匮乏，是创业公司需要尽快弥补的。

就像幻腾智能 CEO 王昊在一次科技沙龙上讲的那样：“搞硬件的创业者，不但假装自己是互联网公司，到处找投资，还要泡在深圳的工厂做模具”[39]。确实，作为智能家居行业的创业公司，既要克服技术和用户体验上的困难，也要做好市场推广与用户运营。

对于智能家居行业，从单品介入也同样有着广阔的机会。例如，引爆智能家居浪潮的 Nest 就只有两款产品，但这并不影响 Nest 的市场影响力。

另外，如 4.1 节中介绍的微智能的方式，就是一种四两拨千斤的产品思路。创业公司可以通过智能遥控器、智能插座等小产品，去驱动空调、热水器等传统产品。

总之，找准合适的切入点，一样可以在变幻莫测的智能家居市场中争得一席之地。

7.5 间接参与者

间接参与者，虽然没有直接参与到智能家居的行业竞争中，却也是行业中不可或缺的一部分。根据其与企业和用户的关系，将其进一步分为 3 种角色：综合角色、企业相关角色和用户相关角色。

7.5.1 综合角色

综合角色，是指与企业和用户都有关联并发挥连带作用的参与者。其商业模式上的创新和整合资源的思路都是在市场推广的过程中值得学习的。具体来讲，这一类别包括：监管部门、众筹平台、媒体、能源公司和保险公司等。

a. 监管部门

监管部门可以在智能家居的发展中，加强对数据安全的监管，协调行业标准的制定，并推动开放数据之类的公共资源的整合。

在物联网时代，几乎所有设备都会产生数据，而且数据直接关系到用户的日常生活，所以对信息安全有了更高的要求。于是，监管部门需要加强对企业的监管，确保企业对用户数据的安全存储与使用。

鉴于行业刚刚起步，监管部门可以协调行业标准的制定，保证市场的健康成长，但又不应该过多干涉市场，为市场留出余地。

此外，如 4.3 节中对开放数据的介绍，监管部门应该推动这种公共资源的整合与运用，为万众创新的浪潮营造更好的氛围。

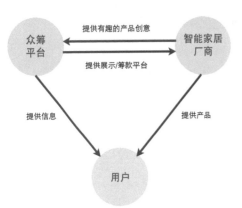

图 7-3　众筹平台的综合角色

b. 众筹平台

众筹（Crowdfunding），一种近些年兴起的集资方式，是指通过向群众募资，以支持发起人的项目。这一方式，也是互联网长尾效应的一种体现。在世界范围内，针对智能产品的众筹平台有 Kickstarter 和 Indiegogo；在国内，也有京东众筹、淘宝众筹等平台。

对于众筹平台来说，需要做好平台的推广与运营，一方面从厂商那里获得有趣的项目，另一方面把项目信息有效地传递给用户。此外，还充当着筹款平台的角色。

对于用户来说，在众筹平台上可以了解到很多新鲜的产品，还可以通过参与众筹，以实惠的价格购得产品，并提前使用上产品。

对于厂商来说，众筹平台提供了一个展示和筹款的机会。用户的购买情况，就是最真实的市场调研，厂商可以借此进行产品的调整与更新。此外，众筹的效果也将影响到厂商以后的融资情况，因为市场的反应是投资者最为看重的因素。

c. 媒体

媒体作为信息的传达者，所扮演的综合角色更加明显：一方面教育着市场，另一方面又为智能家居厂商提供了展示的平台。

从用户的角度来说，媒体是市场最好的教育者。因为媒体拥有广泛的受众，其传播的信息将直达无数潜在用户。如 6.2 节中介绍的产品推广的鸿沟模型，媒体的报道也有助于带领产品走出技术爱好者的圈子，走进大众的家。此外，基于媒体的公信力，传播效果也有一定的保证。

从厂商的角度来说，媒体是最好的合作伙伴。在很多厂商的官方网站上，都有专门供媒体下载使用的产品资料。因为这样可以通过媒体的报道，获得一些信任的背书，进而有助于推广产品。例如在众筹网站上，即使在一些小团队的众筹产品介绍中，也能看到很多科技媒体的报道，这大大增加了产品的可靠度。反过来讲，媒体为了赢得受众的关注，也常需要厂商提供一些新奇的产品和理念。于是，便达成了一种互帮互助的状态。

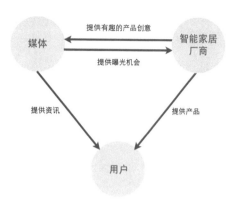

图 7-4　媒体的综合角色

d. 能源公司

能源公司通过与厂商合作，也参与到了智能家居行业的竞争中，并且实现了一种商业模式上的创新。能源公司通过对电网管理的优化，会鼓励并引导用户减少在用电高峰期时的能耗，并在购买智能产品时给予一定的补贴[40]。

对于能源公司来说，随着越来越多的用户加入到这种避峰用电方案中，将有效降低用电高峰期的供电压力，也将改善环境。同时，能源公司也愿意通过购买补贴的方式，鼓励用户参与。

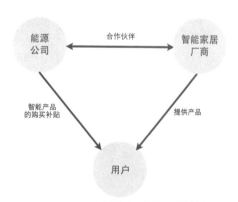

图 7-5　能源公司的综合角色

对于用户来说，可以得到购买智能产品的补贴，并且能为环保贡献一份力量。例如，对于洗衣烘干一体机，用户只需要把衣物放入机器，而机器的工作时间则由系统根据用电峰值自行决定。当然这种商业模式上的创新，也要归功于智能家居产品的自动化控制。

对于厂商来说，在某种程度上得到了能源公司的补贴，所以愿意与能源公司进行合作。例如，在其提供的恒温器中，加入用电高峰期时尽量开启节电模式的指令。

e. 保险公司

保险公司的参与，既体现了一种商业模式上的创新，也是对跨行

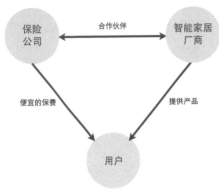

图 7-6 保险公司的综合角色

业合作的一种启发。

例如，保险公司与提供智能安防系统的厂商进行合作后，可以为安装安防系统的用户降低保费。如图 7-6 所示，这背后的商业逻辑体现了多方的共赢。

对于保险公司来说，安装安防系统，将增强用户家中的安全性，所以保险公司愿意对保费进行一定程度的下调。此外，可以针对已经安装安防系统的用户，去推荐其更加实惠的保险产品，进而拥有了更多的潜在用户。

对于用户来说，虽然购买智能安防系统会产生一定的开销，但可以通过降低保费得到变相的补贴。而且家中的安全性大大提高了，何乐而不为。

对于厂商来说，在某种程度上得到了保险公司的补贴，自然愿意与保险公司进行合作。此外，可以借助保险公司的销售渠道，针对存量用户去推销安防系统。

类似的例子还体现在车联网行业 [41]，在美国，如果车主驾驶的半自治的车辆具备一些预防事故发生的功能，那么其支付的保费也会便宜一些。总之，就像在互联网时代，互联网金融掀起了一波金融创新的浪潮。或许"物联网金融"也将在物联网时代，继续发挥其金融杠杆的威力。

7.5.2 企业相关角色

此类参与者，通过协助企业，间接影响着行业的发展。具体来讲，这一类别包括：技术提供商、网络运营商、风险投资和数据分析服务公司。

a. 技术提供商

就像是在淘金热的浪潮中，那些向淘金者卖水卖食物的人，也能赚得自己的一桶金。技术提供商通过向企业提供元器件、技术支持或者计算资源，也从市场中分得了一杯羹。

对于元器件厂商，都在进行着物联网时代的布局。例如，高通公司通过发起 AllSeen Alliance 物联网联盟，促成不同行业的设备互联。再如,英特尔通过与三星、戴尔一起组成的"开放互联联盟",也在推进设备间的连接。总之，各大元器件厂商都在努力地寻找新的增长点。

对于技术支持提供商，以机智云[42]为例。首先，可以为智能产品提供一些定制化的统计分析，如各类产品的上线和使用情况、客户端的使用情况；其次，通过其 M2M 平台，可以管理不同智能产品的连接和访问多种用户端；此外，还支持设备的远程升级。像海尔空气盒子、美的物联网空调都是借助于机智云的成功案例。

对于云服务提供商，既可以为智能产品提供信息存储功能，也能解决不同产品之间的连通问题。此外，智能家居系统通过连接云端，可以获得一个聪明的"大脑"，如 4.2.2 小节中介绍的亚马逊的 Echo 智能音箱，其背后就是强大的 AWS 云服务。

b. 网络运营商

智能家居的核心是连接，于是网络运营商很好地利用其在网络上的优势，寻求新的增长点。如安防摄像头之类的产品，对网络连接有着较高的要求，这便是网络运营商很好的切入点。不过，针对物联网时代而产生的一些无线通信技术，则是网络运营商需要尽快了解并掌握的。

具体来讲，三大运营商已经先后推出了一些智能家居方面的产品。例如，中国移动的"宜居通"，中国联通的"智慧沃家"和中国电信的"悦 me"，都是进军智能家居行业的尝试。

此外，运营商遍布全国的实体店面可以为用户体验智能产品提供一个落地的机会和场所，这也是运营商在与智能家居企业合作时的优势。

c. 风险投资

风险投资（简称 VC）对于创业公司来说是主要的资金来源，并且投资公司在投资的同时也会获得公司的一部分股份。创业公司在经历了最初的 FFF 轮（指来自朋友、家人和"傻瓜"的投资，即 Friend、Family、Fools）和天使轮之后，已经拥有了比较成熟的产品和一定的市场表现，这时风险投资的介入便有了很多参考。

比起互联网或者移动互联网的创业项目，物联网时代的创业需要更多资金的支持，以满足硬件和软件开发的双重要求。另外，资金的扶持也有助于公司度过产品推广初期的鸿沟，进而培养起健全的市场。

此外，利用资本的力量，可以促成一些跨企业的产品合作，这在互联互通的物联网时代和在讲究产品联动的智能家居中，都显得非常有价值。

d. 数据分析服务公司

随着信息化的普及，数据在企业中更是无处不在，而数据分析服务也在一直陪伴着企业，用数据创造着价值。

在互联网时代，网站分析（Web Analytics）可以帮助企业去了解网站的各种访问指标，提供网站优化建议，从而促进业务增长。在移动互联网时代，移动应用分析（Mobile App Analytics）可以帮助开发者，去分析用户从安装到使用的操作行为，识别出潜在问题，从而提升用户体验。

同理，在物联网时代，数据分析依然发挥着重要的作用，那就是物联网分析（IoT Analytics）。当前，物联网分析已经在工业中有了很成形的应用。例如，可以监测机器的运行状态，可以识别出机械部件的缺陷，还可以优化整个生产流程。

但是，由于智能家居行业仍处于起步阶段，产品形态和通信规则都有差异，所以很难形成规范的、系统的指标体系。不过，与网站和对移动端数据的分析相比，智能家居的数据更能反映用户的生活，所以这种分析是很有价值的。

通常，企业会把类似的分析业务外包给第三方的数据分析公司。一方面，外包比自建分析队伍和搭建分析环境要节省成本；另一方面，数据分析公司有着丰富的经验，更熟悉所需要关注的指标和维度。

7.5.3 用户相关角色

此类参与者，通过与用户的接触，间接地影响着行业的发展。具体来讲，这一类别包括：房地产商、家装行业、酒店行业、社区、电影及文学创作行业。

a. 房地产商

随着房地产发展的放缓，房地产商急需寻找新的行业增长点，而智能家居可以成为项目的亮点，既能为房屋增值，又能激起用户更多的兴趣。

房地产商可以利用早介入的优势，在预装阶段，就完成智能家居产品的安装，从而降低设备安装与调试造成的门槛。 此外，售楼处也是很好的线下体验空间，可以尽早地培养用户对智能家居的认识，并抓住购房用户即将进行装修的时机，推荐一些智能家居系统级的方案。

b. 家装行业

装修阶段，是把系统级的智能家居带进千家万户的最好时机，而家装行业就是这个时机的掌控者，影响着智能家居的落地。具体来说，这个行业包括三种群体：传统家装企业、家装电商和家装设计师。

传统家装行业，有着丰富的人力资源：施工队、监理、水电工程师、家装设计师、材料商等，而且对传统的家装流程非常熟悉。但是，那些靠信息的不对称性所形成的行业门槛，正在面临着家装电商之类的互联网公司的挑战。此外，其对智能家居的了解也非常有限。因此，家装行业需要尽快了解智能家居知识和智能产品的安装要点，以便于在装修前就预先规划好智能化方案。

而作为家装行业的挑战者，家装电商可以把家装相关的资源整合起来，变成一条生态链。而消费者也会更加信赖网络的信息公开度，所以会带来大量的流量。家装电商应该利用好网络的传播效应，促进消费者完成方案定制并实施家装，从而提高转化率。在智能家居方面，家装电商只是传统家装的网络版，对智能家居的了解也是当务之急。毕竟，家装电商的用户群体，都是主动使用互联网去寻找信息的群体，自然对科技产品有着更强的接受能力。

此外，随着市场对智能家居需求的增长，智能家居设计师将会产生很大的缺口。这便对家装设计师提出了新的要求，需要尽快了解新鲜科技，根据用户的需求去设计智能方案，并把智能产品的安装落实到家装过程中。

c. 酒店行业

酒店行业一直在努力打造休闲、舒适的概念，而智能家居的介入，不但会增添科技感的印象，还可以营造一些类似于家的熟悉的感觉。

正如第 5 章中对 6 大智能家居系统的介绍，酒店行业可以巧妙地把这些日常生活中的产品引入到每一间客房中。如 3.2.1 小节中介绍的智能酒店方案，顾客可以轻松地实现对灯光、窗帘、空调的控制，并且与酒店的信息管理系统对接后，可以购买一些客房服务。总之，酒店的智能化改造，可以让顾客喜欢上这种科技感带来的体验，也提升了酒店的品牌形象。

此外，从智能家居推广的角度来讲，酒店是一个很好的体验产品的地方，可以解决智能家居落地难的问题，这也为酒店与智能家居厂商的合作提供了思路。

d. 社区

社区是由无数个家庭为单位组成的群体，在互联互通的物联网时代，家庭之间也可以进行一些信息的连接，然后进一步构成智慧社区。

正如在 4.3 节产品联动中介绍的实例，用户家中烟感器发现异常后，会通知邻居协助查看问题，类似的机制便涉及社区层面的参与。此外，当家中存在安防隐患时，也可以通知社区警务人员。

国外的"邻里监督计划"（Neighborhood watch）是一个值得借鉴的实例。这一计划通过社区居民的集体参与，能有效预防犯罪事件的发生。参与"计划"的家庭需要留意邻居家有无异常，并及时向警方报告可疑事件，而不是直接干预。总之，通过邻里之间的互相关照，整个社区会变得更加安全与和谐。

e. 电影及文学创作行业

在投资圈里有一个笑话，说的是投资智能硬件，就像投资电影一样，充满悬念，往往会猜不透观众的喜好。虽然这只是一个有些夸张的笑话，但智能产品和电影及文学创作确实有着一些交集。

首先，电影是最好的市场教育者。基于广泛的受众群体和通俗易懂的表现形式，电影中涉及的科技产品都能得到有效的传播。例如本书在讲述一些概念时，也引用了诸如《人工智能》《Her》《黑镜》等影视作品。此外，当一个电影中的智能产品来到人们身边时，能引起人们足够的好奇，人们也更加愿意体验一下电影中的场景。

其次，电影可以给产品设计带来很多启发。作为文化创意产业，电影或文学创作必须不断满足着受众对新鲜事物的追求。也恰恰因为不受当前科技发展的制约，这些作品更容易跳出现有的框架去发挥想象。诸如很多科幻电影或者科幻小说都已经超越了当前科技几百年，一方面满足了观众们对未知事物的渴望，一方面也为科技的发展指引了方向。

因此，智能家居厂商可以和艺术创作者有着更深入的合作。比如，把某些即将面世的智能产品，合理地植入到电影中，既让电影变得炫酷，又为推广产品打下了基础。

【本章小结】

这将是一场异常激烈的竞争，每个参与者都在最大程度地发挥着自己的优势，并通过各种方式去弥补先天的劣势。不论是提供产品的直接参与者，还是协助企业与用户的间接参与者，都在努力寻找自己的位置，也促进了这个行业的繁荣。

这种激烈的竞争态势，让人们更加相信：在不远的将来，智能家居时代会呼之即出。

第8章

呼之即出
——智能家居的新常态

【本章引语】

这是跨年的一幕，发生在享有"北美小巴黎"俏名的加拿大蒙特利尔。当新年的第一声钟敲响时，聚集在老港口的人群人声鼎沸。人们用各自的语言彼此恭祝新年快乐，法语、英语、汉语交织的祝福声此起彼伏，那场面无比温情。当烟花绽放在天际，照亮了这一片冰天雪地时，人们开始欢呼和击掌，拥抱和蹦跳。在那一刻，他们仿佛卸下了一整年的辛劳，并在清凉的空气里呐喊出对新一年的期盼。

在智能家居领域，我们同样能看到一块满灌着希望的倒计时表，滴滴答答地记录着每一个历史性的前进时刻。从技术上对智能化更清晰的思考，到行业里互联互通的大趋势，从新市场为所有企业创造的大机会，到新机遇对所有从业者的高要求，这一切都预示着正在发生的未来，也必将见证物联网时代的家居生活新常态。

8.1 技术：对智能化的展望

智能，是一种功能，简化并丰富了家居产品的体验；智能，更是一种技术，也在不断的变革中。为了展望未来，本节将再一次讨论 "智能" 这个贯穿全书的概念。

在对未来的智能技术进行展望时，这便属于科学文化的领域。英国著名的科幻作家 Arthur C. Clarke 提出的卡拉克基本定律（Clarke's Three Laws）可以为预测科技给出一些启发。本节也将结合这三条定律，去展望智能化的发展。

a. 相关的技术仍将继续发展

Clarke 定律 1：如果一位德高望重的科学家说，某种技术是可能的，那么他几乎就是正确的，但如果他说是不可能的，那么他很可能是错误的。

说到对技术的评价与预测，Gartner 的年度技术成熟度曲线（Hype Cycle）[43] 便提供了一种参考。每年，Gartner 会通过汇总全球的技术相关从业者的意见，对上千种技术的成熟度进行评定，并结合行业期望和发展的时间点，以确定该技术在技术成熟度曲线中的位置。技术成熟度曲线认为一项技术的成熟都需要经历 5 个阶段。

— 技术萌芽期（Innovation Trigger），一些新奇的展示或者主意，让技术得到行业和媒体的关注。

— 期望膨胀期（Peak of Inflated Expectations），得到主要参与者的包装与宣传，并引起其他参与者的追随，也会让大众对此技术产生一些不切实际的期望。

— 幻觉破灭期（Trough of Disillusionment），因为不能满足大众的期望，该项技术变得过时，并逐渐遭到媒体抛弃和行业的冷落。

— 启蒙复苏期（Slope of Enlightenment），经过行业的努力探索和实践，让大众对此技术有了新的认识，并且技术的可实施性也有所增强。

— 生产成熟期（Plateau of Productivity），技术变得成熟，也

逐渐被行业和市场所接受，并能解决用户的一些需求。

通过图 8-1 可以看出，人们对"物联网"和"互联家庭"的关注度正在不断上升，像"云计算"和"大数据"之类的技术将进入调整期。可见，每种技术都有风华正茂和厚积薄发的时候，也都需要一个成长的阶段。

其实，该曲线又被称为技术炒作曲线，因为一些新兴技术常被认为是噱头，像"智能家居"也常面临圈内火爆、圈外冷落的的尴尬局面。但这是一项新兴技术发展的必然道路，都需要经历萌芽、膨胀、破灭、复苏的阶段，而最终走向成熟。

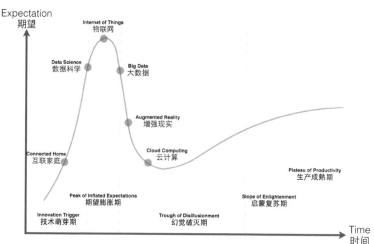

图 8-1　与智能家居相关的技术成熟度曲线（图片编译自 Gartner）

根据定律 1，当广大的技术从业者都在关注并期待这项技术时，那么这项技术就是很有可能的。总之，与智能家居相关的技术都在不断成长中，所以智能化技术也将继续发展。

b.　"智能"可以发挥很好的辅助作用

Clarke 定律 2：要发现某件事的可能性的边界，唯一的途径是跳出可能一点，去尝试一些不可能的事情。

如何从"可能的局限"中跳出来一点，或许电影及文学创作类行业就是最好的探索者。再以科幻电影《her》为例，智能操作系统 Samantha 在完成了对男主角的学习之后，可以很好地协助其管理日常生活，并且有的交流已经上升到了感情层面。但当男主角发现了 Samantha 作为操作系统，也在同时与上千人进行着感情层面的交流时，终究接受不了这种现实，意识到了科技终究给不了真实的感情。此外，男主角的在片中的职业也充满了讽刺意味：代人写信。即使科技已经发达到了机器人有了私人助理的水平，对于一些需要付诸感情的事情，依然需要人去完成。毕竟，机器是无法模拟一个人的真情实感的。

当我们跳出"可能"之后，便会发现人是不可替代的，人的情感更是不能被模拟和取代的。机器可以当一个助理，可以很友好地与人相处，但上升到感情层面上时，便会有些不可控的因素。回到智能家居中，对于一些基于习惯学习的功能，依然要在自动执行前请示一下用户。例如询问一下您是否要准备进入睡眠状态了，而不是生硬地把灯直接关掉。因为"智能"发挥的是辅助作用，而绝不是生活的主导。

再来看一个"智能"产品辅助用户决策的例子。有一位技术爱好者，编写了一段人工智能程序，去挑战 2048 这款众人皆知的游戏[44]。挑战的结果当然是智能程序可以很轻松达标，甚至能创造出很优异的纪录。毕竟是让机器去玩机器上的游戏，所以这个结果并不意外。但从程序运行的结果中，却可以发现一些用来辅助游戏的策略。例如，可以统计每一步操作后，最大数值和第二数值所在空格的概率，以及每个空格的被占有率，这些都可以用于制定每次操作的方法。这其实是一种向机器学习的过程，也是机器辅助人们决策的例证。

根据定律 2，跳出了"可能的局限"后，发现"智能"可以起到辅助作用，但主导生活依然是不可能的事情。

c. 人依然是主体

Clarke 定律 3：任何足够先进的技术，都与魔法无异。

如同 David Rose 在一场 TEDx[45] 的演讲中，就对技术和魔法做了对比。他将一些科技产品比喻成被施了魔法的物品，并进一步分为了 6 种类别：无所不知类（Omniscience）、通信类（Communication）、保护类（Protection）、健康类（Health）、远距传输类（Teleportation）和创意表达类（Expression）。这种分类的思想和本书介绍的智能家居产品有一些不谋而合。例如，连接产品云之后的控制中心，可以变得无所不知；再如，安防系统就像保护类产品一样，为用户的安全发挥着"魔力"。当然，这些物品都只是一种工具，人才是魔法的主人，只有当用户需要某项功能时，产品才会适时地出现，更不会打扰到原有的生活。

再引用一个科技发展对饮食概念带来颠覆的例子——Soylent代餐。这是一款食物终结者，基本上由碳水化合物、氨基酸、蛋白质组成，还富含人类生活需要的维他命等成分，而卡路里仅为正常食物的60%。人们通过食用这种汤饮料，便可以满足日常生活中对能量和营养的需求。Soylent的愿景是打造一种便宜的、营养的、便于获取的食物来源。其发明者认为，饮食应该分为功能性饮食和社交性饮食两种，而Soylent可以让人们改变原有的功能性饮食。

一方面，这款代餐确实可以节约做饭和就餐的时间，并且节省在食物上的开支。但另一方面，这种颠覆抛弃了传统的饮食方式，让生活变得有些无趣。这看似是科技的进步，但却是文化的退步。这是一个需要警惕的趋势，科技是为了便利生活，而不是为了取代生活。

其实，随着智能化技术的发展，一些行业大佬也给出了警示。例如，比尔·盖茨认为对于人工智能不能操之过急。再如，颠覆式的创新者Elon Musk认为需要警惕人工智能技术，否则会像核武器一样带来危害。

总之，根据定律3，智能可以像魔法一样，改变人们的生活，但是在生活智能化的过程中，需要对传统、对文化抱有敬畏之心，更不能忘记人依然是主体。

8.2 行业：更强大的互联互通

与技术一起发展的，还有行业的进步。本节将从行业的层面，展望更强大的互联互通。一个理想的智能家居系统需要符合三个标准：性能优秀的单个设备，设备之间是互相连接的，设备之间是可以互相通信协作的。通过升级单个设备，可以很快实现智能化；通过通信协议间的合作，可以降低设备之间连接的门槛；而实现设备间的互相通信与协作，则是一个更大的考验。

要实现不同设备之间的互联互通，势必会影响到不同厂商的业务布局，因而会受到一些推进的阻力。一方面，参与者们都在寻求一种统一的标准，但另一方面，却又很难达成共识。其实在这个过程中，商业上的阻力并不比技术上的门槛要简单。

即使面对这样一种难以推进的局面，以下 4 个类比，体现了相关行业、相关领域的 "整合" 理念，或许可以给出一些思路。

类比 1：充电线

这是一个轻巧的例子，解决了硬件兼容问题，其推动力来自于市场。

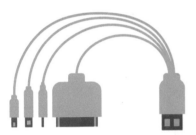

随着生活中智能手机、平板电脑等智能设备的增加，充电成为了生活中重要的一件事。但不同设备的充电线接口却不一样，并且很难统一。不过这时，一种多功能充电线（如图 8-2 所示）便出现在了市场上，用很实惠的价格，就可以有效解决不同设备的充电难题。

图 8-2 · 多功能充电线

类比 2：移动运营商

这是一个资源整合的例子，解决了移动运营商资源竞争的问题，其推动力来自于行业趋势。

2014 年 7 月 15 日，中国铁塔公司正式成立。其中三大运营商——中国移动、中国联通、中国电信各占 40%、30% 和 30% 的股权，而且其高层领导也都来自于三大运营商。今后，三大运营商的铁塔等基础设施将交由铁塔公司，并不再自建铁塔，而是从这家合资的公司中租用资源。这是电信改革中的重要一步，可以进一步整合各方的基础设施，避免过度投资，更好地实现通信的互联互通。长远来看，在整合后的底层基础设施上，互联网企业和虚拟运营商将创造出更多元的服务。

类比 3：虚拟机

这是一个跨平台兼容的例子，解决了电脑硬件和操作系统不兼容的问题，其推动力来自于市场。

以软件公司 VMware 的产品为例，通过在苹果电脑上安装 VMware Fusion 软件，既可在 MacOS 系统上运行 Windows 系统，并可以体会到接近 Windows 本机的操作体验。虚拟机就像一名翻译，实现了原本孤立的硬件和操作系统的交流，打破了计算机时代的一种僵局。

类比 4：可穿戴设备

这是一个跨平台操作的例子，解决了操作系统造成智能硬件相对孤立的问题，其推动力来自于行业趋势。

苹果的 iOS 系统和 Google 的安卓系统一直呈现着对立的态势，这种抗衡也延续到了智能手表领域。但 2015 年初，开发者 Mohammad Abu-Garbeyyeh 的一段跨平台操作的视频，受到了技术爱好者的极大关注。在视频中，搭载着 Android Wear 系统的 Moto 360 手表，可以显示 iPhone 上的短信，还可以接听 iPhone 电话。虽然这只是一次初步的破解，而且只是单向通信，但却激起了广大技术爱好者的兴趣。同时，这也体现了设备之间不再受系统限制，实现自由地互联互通的大趋势。

除了上述 4 个整合案例的类比，一些智能家居系统的整合方案，更是进一步印证了互联互通的行业趋势。如 4.2 中介绍的 Quirky 的智能家居系统，通过 Wink Hub 可以实现上百款智能家居产品的互联互通，其中包括：飞利浦、通用电气、Honeywell 等。这些强大的整合能力是基于 Wink Hub 的广泛兼容性，这款网关一样的产品，像一名语言上的天才，可以支持 Wi-Fi、蓝牙、Zigbee、Z-Wave 等通信协议。另外，Quirky 在商业合作上的突破，也是促成这种整合的保障。

此外，第三方平台的兴起和第三方开发者群体的壮大，都是推动这场互联互通革命的主力军。第三方平台，不会受到某款智能产品的干预，能够更加客观地去对待产品的功能和用户的需求。第三方开发者，介于用户和原始产品之间，更是从兴趣和技术分享的意愿出发，进行一些二次开发，可以有效地填补产品的定制化和标准化之间的空白。当然这种第三方角色的整合，是以企业的开放精神为基础的，将在下一节讨论智能家居这个新市场对企业的要求。

综上所述，一些相关行业和领域的类比，都证明了整合的大趋势。而一些跨平台的智能家居整合方案，以及逐渐崛起的第三方角色，都预示着行业中互联互通的大趋势。而且，这一进步的动力也来自市场和行业本身。

8.3 企业：新市场的大机会

借用狄更斯在《双城记》中的一句话："这是最好的时代，也是最坏的时代"。对于企业来说，这是最好的时代，因为有太多的市场空白可以填充，但也是最坏的时代，因为企业必须去不断地摸索和试错，没有任何标准和经验可以参照。

就是在这样一个不确定的时代，智能家居这个新兴的市场，为所有参与其中的企业，不论大小、不论中外，都提供了一个公平的大机会。

8.3.1 大小企业之间的公平机会

在这场新的竞争中，企业之间不论大小，机会是公平的。智能家居对综合技能的要求，一定程度上稀释了大企业原有的优势。没有原有业务的束缚，小企业的产品更容易与用户需求相契合；另外，单品和系统级产品，都具有打开市场的机会。

a. 对综合技能的要求

正如本书介绍的，智能家居从设计到生产、从推广到运营，都需要非常综合的专业技能。对于企业来说，任何原有的优势都将被这种综合要求所稀释，这就意味着一个非常公平的机会。例如，传统家电厂商，原本在生产流程和销售渠道方面有着非常明显的优势，但在智能家居产品的设计和运营方面的技能是其短板，也在一定程度上削弱了优势。

另外，智能家居产品是跨领域整合而成的综合产物，所以有时由小团队创造的产品更加完整且统一。这便是小企业的优势，由于人手少，每个人不得不身兼多职，便增强了全局观，于是做出来的产品也更像一个整体。相比之下，大企业里的员工对产品的理解不会那么全面，容易造成盲人摸象的局限，以至于产品的体验不够连贯。就像一大一小两个剧团：小剧团常常人手不足，甚至有的演员还需要客串别的角色，所以演员相互之间对剧本都很熟悉；而大剧团中，一个角色往往还有备选，所以只需做好份内的事就可以了，于是在表演中所烘托出来的气氛也会是不一样的。

b. 没有原有业务的束缚

大企业在进入智能家居行业时，通常会从现有的业务出发，希望在拓展新市场的同时，还能增加现有产品的收益。但有时这种资源的延续，会成为一种束缚。因为在产品的决策过程中，对现有产品的考虑，难免会产生对用户需求的误解，进而造成一些产品功能设计上的偏颇。例如，让用户以手机或者电视为中心去使用智能家居的做法，都是从原有业务出发的决策，是否真的适合智能家居，都还值得思考。

而对于小企业来说，则没有传统业务的束缚，能在设计产品时更精准地把控用户的需求。当然，小企业也需要尽快在生产流程和销售渠道等方面积累资源。

c. 单品 vs. 系统级产品

在智能家居中，单品也有成功的机会，不一定要做广泛的产品线。2014 年初随着 Google 对 Nest 的收购，引爆了智能家居的浪潮，也拉开了"智能家居元年"的序幕。但若仔细研究一下这个明星企业，却又有些困惑。Nest 目前依然只有两款产品，恒温器和空气探测器。虽然 Nest 也收购了安防摄像头厂商 Dropcam，但并没有跟随很多国内巨头的做法，短时间内便涉足几乎所有的产品线。其实，Nest 一方面在深耕自己的领域，另一方面也在慢慢地通过合作变成了智能家居的控制中心。例如，Google 已经与飞利浦、Withings 等达成合作伙伴关系，于是也拓展了 Nest 所能触及的范围：

灯、洗衣机、风扇、门锁等。因此，做单品同样具有打开市场的机会。

综上所述，智能家居时代将不再是以大小论成败的时代，而产品的优劣和各种资源的整合能力，则更大程度上决定了企业的成败。

8.3.2 中外企业之间的公平机会

在这场新的竞争中，企业之间不论中外，机会也是公平的。其实在移动互联网时代，中外企业的差距已经在缩小，甚至我国企业在商业模式的探索上还要领先于国外。同样在物联网时代，中国企业将延续这种赶超的劲头，而且将受利于国内市场的规模效应、与工厂的沟通优势和逐渐崛起的中国创造力。

a. 规模效应

对于生产智能产品，当达到一定规模时，便会体现出一定的规模效应，进而可以获得有利的成本优势。所以，对于面向国内市场的中国企业，便可以借助于我国庞大的人口基数和强大的消费能力，受惠于强大的规模效应。

b. "中国制造"的沟通优势

在国际大分工的环境下，很多智能产品都是由我国的代工厂家完成，这便为国内企业创造了良好的与工厂沟通的优势。对于国外的企业，常常看到有些众筹项目会把"与中国的工厂沟通"作为一个重要的时间点，这也说明了这种沟通的重要性。总之，更低的沟通成本和更高的沟通效率，都将大大提升产品的生产制造能力。

c. "中国设计"的崛起

从从业者的个人技能来看，不论是国外的知名科技公司，还是众筹网站上崛起的一些小团队，都能看到一些中国设计师和工程师的影子。从企业层面来看，中国的企业越来越重视研发与创新；从世界范围内来看，对行业优秀人才的吸纳，到海外研发中心的设立，都体现了对创新力的追求。而且，越来越多的产品在标注了"中国制造"的同时，也会骄傲地写上"中国设计"。

当然，国内企业在一些方面仍然需要多向国外企业学习，更加专注地做自己熟悉的领域，并抱着更开放的心态去寻求合作。

8.4 从业者：做一名物联网时代的匠人

如上一节介绍的，智能家居作为一个新兴的市场，为所有公司创造了一个公平的机会。同样，这种机会对于所有的从业者来说也是公平的。在拥抱机会的同时，应该更多地思考并积累行业所需要的技能，进而成为一名合格的物联网人。

作为一名合格的从业者，就如同一名物联网时代的匠人，需要具备综合的技能、专注并开放的心态、以用户为中心的思考方式，以及类比问题和权衡取舍的能力。

a. 综合的技能

如同本书一直阐述的观点，做好一款智能家居产品所需要的技能是非常综合的。从业者需要在技术、体验和市场方面都有一定的积累，才能避免从设计产品到运营产品过程中的偏颇。如图 8-3 所示的中心所示，只有具备了 3 方面的技能，才能打造出一款优秀产品。

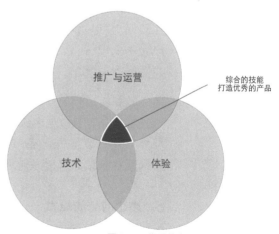

图 8-3　优秀的产品来自于综合的技能

b. 专注且开放的心态

专注且开放的心态，是在综合技能基础之上的一种延伸。专注，就是切实发挥好自己职位的角色，并深入钻研自己所在的领域，向深处去探索更多的可能。开放，则是学会与其他角色的同伴协作，并敢于同其他领域的开拓者合作，向广处去寻找更多的机遇。

如图 8-4 所示，智能家居就像一座等待开采的宝藏。专注于自己的角色和领域，会有更深入的发现；与其他角色或领域的开拓者合作，则会有更广阔的收获。其实，这种从业者的心态，与智能家居产品的联动功能，与智能家居厂商间的合作思路，甚至与物联网的互联互通精神都是一脉相承的。

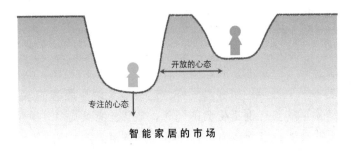

图 8-4　专注且开放的心态

c. 以用户为中心的思考方式

以用户为中心，是互联网时代的理念，也是对产品经理的基本要求。在物联网时代，所有角色的从业者，都需要将这种理念应用在产品和服务中。从用户的角度来说，智能家居的用户群体将比互联网更加广泛，所以需要更多的关注，甚至个性化的定制。从产品的角度来说，产品都是以用户为中心的，所以产品只是在用户需要时及时出现，而不会长时间占有用户，更不会"绑架"用户。

为了做到以用户为中心，可以观察用户对产品的使用过程，并跟用户去聊产品，通过这个过程能发现很多因为自以为是造成的缺陷。另外，还可以抛开产品，直接去聆听用户的日常需求，因为智能家居解决的依然是传统需求，而不是为了智能而创造的伪需求。

d. 类比问题的能力

类比，是数学中常用的一种解题方法，通过类比问题的解决方法，可以猜想并探索出原问题的解法。作为一个新兴行业，智能家居确实存在着很多前所未有的问题。如果仅凭猜想和摸索，往往进度缓慢，且效果不佳。但如果从其他行业寻找一些类比的例子，则为会解决问题带来很多启发。毕竟很多问题背后的本质或道理是相通的。例如，本书中对传统行业的一些借鉴，甚至对电影的引用，都便于对问题的理解。

其实这种类比问题的能力，也是一种可迁移的技能。基于这种能力，可以触类旁通去面对更多未知的问题。

e. 权衡取舍的能力

权衡取舍，是在所有决策的制定过程中都会遇到的问题。可能两种因素都是重要的考量，但却必须做出取舍。对于产品经理来说，经常会遇到这种决策问题，比如在恒温器的学习算法中，需要权衡用户的直接满意度和能源消耗；而对于市场人员也同样重要，比如需要在教育市场和短期内的用户增长之间做出权衡。

当然，在决策过程中最好的依据就是数据，而且物联网是一个不缺乏数据的时代。相信随着技术的发展和市场的驱动，智能家居领域的数据分析也会逐渐成型，并且为决策的制定提供客观的支持。

总之，一名物联网时代的匠人，会擅长并专注于打造自己擅长的产品，赋予其开放的基因和以用户为中心的原则，并且通过类比问题和权衡取舍的能力去迎接更多的未知。

8.5 正在发生的未来

科技的浪潮是挡不住的，甚至可以重构人们的生活、重塑一个行业，进而影响到行业中的每一家公司和每一位从业者。

就像图 8-5 所示的漫画[46]一样，随着社交网络的兴起，人们的生活方式也发生了变化。那些传统的社交方式，已经被一些网络服务所替代，而传统的行业也被重塑。这背后有着无数的传统公司退出了舞台，取而代之的是一些应运而生的互联网公司。而且，那些抓住了机遇的互联网公司，也能给人留下更加深刻的品牌印象。例如，在职场社交方面，人们很难说出一家值得常去的俱乐部或者制作名片的印刷店，但却都熟知 LinkedIn 这一平台。

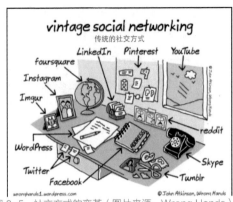

图 8-5　社交方式的变革（图片来源：Wrong Hands）

对于比较成型的社交网络，人们总能迅速地说出每种细分领域的代表品牌。而对于智能家居行业来说，似乎还没有形成一家标杆性的企业。因为这一切都还是正在发生的未来。

但相信在不久的将来，也会有一张漫画来追忆那些"家居生活的变革"。到那时，又会是哪些公司能够成为标杆企业，哪些产品能够被载入图 8-6 所示的变革史呢？时间会告诉我们答案，市场也会告诉我们答案。但更重要的是，每一位行业参与者都在见证着智能化的变革，见证着企业之间的合作，见证着这场正在发生的未来。

图 8-6　正在发生的家居生活的变革

写在后面

让我们再来回顾一下序言中的那个问题——这是笔者期望中的那本书吗？从框架上讲，笔者基于从业经验，提出了三原色模型，从技术、体验、推广与运营的角度，对智能家居逐步展开介绍。从观点阐述方式上讲，一些产品实例的介绍有助于对内容的理解。从思考问题的方法上讲，本书引用了一些分析模型和相关领域的类比，可以激起更深刻的思考。

当本书收尾时，总觉得有些部分可以写得更好。这感觉就像在新版本上线前发现了可以优化之处，就像在新品发布前发现了可以改善的功能，就像在国外求学时提交论文的那一刻，成就感中总是夹杂着一丝的遗憾。或许这正是这个行业的缩影，一切都在迅猛地发展着，也正是这种自我否定的精神在推动着行业的变革。或许书中一些观点会逐渐过时，但我希望一些理念和思考方式能够经得住时间的考验。

鉴于智能家居行业还在飞速发展，新的物联网技术不断涌现，以及笔者有限的水平与仓促的编写过程，书中难免会有疏漏之处，在这里也恳请各位读者理解并批评指正。

就像在书中谈到的那样，这个新兴的行业为所有企业都提供了公平的机会。其实对于每一位行业从业者来说，也是一个公平的机会。笔者为了抓住这个机会，在本书的编写过程中，也充分发挥了自身的优势，可以概括为：从业者视角 + 产品经理思维 + 国际化视野。

- 从业者视角

基于笔者的智能家居从业经验，既能了解到产品从设计到运营的整个流程，又能接触到大量的用户和行业参与者。因而笔者从从业者的视角，讲述了这个行业的方方面面，也引出了一些思考。值得一提的是，在使用智能输入法键入"智能家居"的缩写时，还会给出另外一个选项："钻牛角尖"；这是一个有趣但又值得思考的话题，或许有时从业者只是固执地追求智能，而偏离了需求的本质。

— 产品经理思维

基于笔者的互联网产品经理的经验，习惯于用产品经理的思维去理解用户需求和把握技术要点。这种中间人的角色，更像一名使者，用平和、精准的语言，在行业参与者和用户群体之间传达着彼此的信息。而且产品经理所必备的客观性，也是智能家居中的重要技能：从业者常常需要以整体目标为指导，权衡不同方案的利弊，做出一些功能和性能上的取舍。此外，书中很多插图和模型都是用可视化的方式去阐述问题，这也是产品经理所必备的技能。

— 国际化视野

基于笔者的英文资料整合能力，在国内相关资料比较有限的情况下，本书以引用英文资料为主。对于一些概念，书中也尽量保留了英文说法，以便于读者自行学习。同时，笔者认为任何翻译都会造成语意的损失，所以更鼓励阅读原著，毕竟视野决定了思考的质量。在所有的参考文献中，印象最深刻的是《物联网设计》，其作者在阐述物联网技术概念的同时，也引出了很多文化层面的思考。这种较为深刻的写作态度，是值得学习与推广的。

总之，写作的过程很像一种对经历、对见解的梳理，把曾经细碎的思考重新整理，经过归集打磨之后呈现在读者面前。另外，也想借此机会感谢一下在追寻梦想的道路上，陪伴与帮助我的人。

首先，我要感谢父母对我学业的全力支持与帮助，对我事业选择的充分理解与信任，于是才有了这一段段独特的、丰富的经历。

感谢幻腾智能公司和团队的每一位成员！特别要感谢三位创始人：王昊、吴天际和李龙毅，其实书中智能家居三原色模型也是受他们三位角色的启发。此外，书中在讲述观点时，也引用了很多幻腾智能的产品，在此一并感谢！同时，也要感谢谭珊珊和刘成琳在工作中给予的帮助。

感谢 Ptmind 团队，培养了我的产品经理思维。感谢李莹的引荐，才有了这次宝贵的机会。感谢设计师刘丽娜为本书绘制了插图。同时，也要感谢黄丽娜、刁臣宏和林森，在构思书的框架时给予了很多意见，并试读了部分章节。

感谢人民邮电出版社的赵轩编辑，他在从选题到成书的整个过程中给予了充分帮助，并且指导我以一种作者的心态去写作。

感谢阿里巴巴智能生活事业部的李宏言，在试读本书后，提出了一些宝贵的意见。其中对技术方面的建议，也为我今后的研究与探索指引了方向。

感谢 LSE 校友杨采清、Fabio Settimo 和 Filip Zielinski，在本书的构思过程中给予的帮助和启发。感谢肖志婕、丛林、爱大同学王卯和郑楠参与了本书的试读，并提出了很多意见。也要感谢爱大校友姜楠，在写作技巧和心态上给予的帮助。

最后，感谢自己在这个过程中的努力与成长。

此外，本书的大部分篇幅都是在中关村的创业咖啡厅完成的。在写作的过程中，常遇到正在探索项目的创业团队，也常看到很多智能产品的线下体验活动，这一切都预示着一场创业与创新的浪潮即将到来。而我也十分欣喜能成为其中的一员，与各位读者一起见证着这一场正在发生的未来。

参考文献

[1] Claudine Beaumont. Bill Gates's dream: A computer in every home. http://www.telegraph.co.uk/technology/3357701/Bill-Gatess-dream-A-computer-in-every-home.html

[2] Simona Jankowski, etc. The Internet of Things: Making sense of the next mega-trend. Equity Research, Goldman Sachs, http://www.goldmansachs.com/our-thinking/outlook/internet-of-things/iot-report.pdf

[3] Shane Mitchell, Nicola Villa, Martin Stewart-Weeks, Anne Lange. The Internet of Everything for Cities. http://www.cisco.com/web/about/ac79/docs/ps/motm/IoE-Smart-City_PoV.pdf

[4] Microsoft HoloLens. http://www.microsoft.com/microsoft-hololens/en-us

[5] Drew Conway. 数据科学文氏图 The Data Science Venn Diagram. http://drewconway.com/zia/2013/3/26/the-data-science-venn-diagram

[6] 迈克尔·波特，詹姆斯·贺普曼. 物联网时代企业竞争战略. 哈佛商业评论，70-89页，2014年11月

[7] MESH Project. http://meshprj.com/

[8] 郎为民. 大话物联网. 人民邮电出版社，2011

[9] Notion: Home Monitoring,Simplified. https://www.kickstarter.com/projects/1044009888/notion-be-home-even-when-youre-not/description

[10] Jin-Shyan Lee, Yu-Wei Su, and Chung-Chou Shen. A Comparative Study of Wireless Protocols: Bluetooth, UWB, ZigBee, and Wi-Fi. http://eee.guc.edu.eg/Announcements/Comparaitive_Wireless_standards.pdf

[11] What is iBeacon? A Guide to iBeacon. http://www.ibeacon.com/what-is-ibeacon-a-guide-to-beacons/

[12] Jen Quinlan. 25 beacon uses you won't find in a store. http://thepu.sh/trends/25-beacon-uses-wont-find-store/

[13] Kontakt.io. How a Beacon Makes the JIVR | Bike special. http://kontakt.io/blog/jivr-launch/

[14] Gartner Research. Magic Quadrant for Business Intelligence and Analytics Platforms. http://www.gartner.com/technology/reprints.do?id=1-

2ACLP1P&ct=150220&st=sb

[15] 微信硬件平台 AirSync 技术介绍 . http://iot.weixin.qq.com/document-7_2.html

[16] 微信硬件平台 AirKiss 技术介绍 . http://iot.weixin.qq.com/document-7_1.html

[17] Parks Associates. The Evolution of Tech Support: Trends & Outlook, 2nd Ed. http://blast.parksassociates.com/extras/research/2015/industry-reports/i-ir2015-evolution-of-tech-support-trends-outlook-2nd-ed.htm

[18] Indiegogo. Codie - Helping kids learn coding. https://www.indiegogo.com/projects/codie-helping-kids-learn-coding

[19] Ptengine. http://www.ptengine.com/

[20] 欧瑞博智能家居 智能家居 Allone WiFi 智能遥控器 . http://www.orvibo.com/products_view.asp?mid=15&pid=57&id=232

[21] WeMo 节能型智能远程电源控制器 . http://www.belkin.com/cn/F7C029-Belkin/p/P-F7C029/

[22] Switchmate - smart lighting made simple. https://www.indiegogo.com/projects/switchmate-smart-lighting-made-simple

[23] Adrian McEwen, Hakim Cassimally. 张崇明译 . 物联网设计：从原型到产品 Designing the Internet of Things. 人民邮电出版社，2015

[24] Adam Withnall. Look Up video: 'Life-changing' film about quitting social media ironically goes viral with tweets from Andy Murray and Jordin Sparks. http://www.independent.co.uk/life-style/gadgets-and-tech/look-up-video-lifechanging-film-about-quitting-social-media-ironically-goes-viral-with-tweets-from-andy-murray-and-jordin-sparks-9323510.html

[25] Ben Popper. How one tiny startup is winning the race to power your smart home. http://www.theverge.com/2014/9/23/6832901/wink-relay-smart-home

[26] Amazon Echo. http://www.amazon.com/oc/echo/

[27] Serenity Caldwell. Continuity is the future of Apple: The right device for the right space. http://www.macworld.com/article/2360040/continuity-is-the-future-of-apple-the-right-device-for-the-right-space.html

[28] Colin Gibbs. The Internet of Things: Anywhere, Anytime, Anything.https://gigaom.com/2010/07/26/the-internet-of-things-anywhere-anytime-anything/

[29] IFTTT. https://ifttt.com/wtf

[30] IFTTT Recipes for the Internet of Things. https://ifttt.com/recipes/collections/32-recipes-for-the-internet-of-things

［31］Open data users, Transport for London. http://www.tfl.gov.uk/info-for/open-data-users/

［32］Dennis C. Brewer. Home Automation Made Easy, Do It Yourself Know How using UPB, INSTEON, X10 and Z-Wave. Que Publishing, 2013

［33］Luna smart bed. http://lunasleep.com/

［34］Bistro: A Smart Feeder Recognizes Your Cat's Face. https://www.indiegogo.com/projects/bistro-a-smart-feeder-recognizes-your-cat-s-face

［35］Zami life, the future of sitting. https://www.indiegogo.com/projects/zami-life-the-future-of-sitting

［36］Dominic Basulto. Comedy club charges per laugh with facial recognition. http://www.washingtonpost.com/blogs/innovations/wp/2014/10/14/an-innovative-new-payment-model-thats-no-laughing-matter/

［37］Quiet Night-The Ultimate Crib Mobile. https://www.indiegogo.com/projects/quiet-night-the-ultimate-crib-mobile

［38］杨明慧.搜酷 全球智能硬件与技术精华集.电子工业出版社，2014

［39］网易科技.五道口沙龙年度盛典.http://tech.163.com/15/0202/03/AHDTACGP000915BD.html

［40］Steve Lohr. Homes Try to Reach Smart Switch. http://www.nytimes.com/2015/04/23/business/energy-environment/homes-try-to-reach-smart-switch.html?_r=0

［41］Alex Davies. Americans Want Self-driving Cars Cheaper Insurance. http://www.wired.com/2015/04/americans-want-self-driving-cars-cheaper-insurance/?mbid=nl_042315

［42］机智云. http://www.gizwits.com/zh-cn/index/

［43］Gartner's 2014 Hype Cycle for Emerging Technologies Maps the Journey to Digital Business. http://www.gartner.com/newsroom/id/2819918

［44］Randy Olson. Artificial Intelligence has crushed all human records in 2048. Here's how the AI pulled it off. http://www.randalolson.com/2015/04/27/artificial-intelligence-has-crushed-all-human-records-in-2048-heres-how-the-ai-pulled-it-off/

［45］TEDxBerkeley – David Rose – Enchanted Objects. http://tedxtalks.ted.com/video/TEDxBerkeley-David-Rose-Enchant

［46］John Atkinson. Vintage Social Networking. https://wronghands1.wordpress.com/2013/03/31/vintage-social-networking/